"十四五"职业教育国家规划教材

高等职业教育活页式教材

FUZHUANG GONGYE ZHIBAN

服装工业制版

第二版

宋勇 曲长荣 主编
张淼 李松燐 吴燕 纪恩峰 副主编

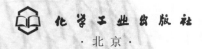
·北京·

内容简介

本书采用活页式装订形式，内容上以服装制版师的工作流程为导向，以完成典型服装推版工作所需能力与素质要求为依据，构建服装工业推版、服装工业制版和服装工业排料三大模块，共九个任务主要内容包括简裙、男西裤、男衬衫、女时装、男西装五个典型服装款式的推版，根据实物进行工业制版（读衣）、根据企业订单进行工业制版（读单）、根据效果图进行工业制版（读图）、综合应用，最后还介绍了服装工业排料基础知识及裁剪方案的制订。本书在讲授专业知识的同时，有机融入了"一针一线用心传承百年工艺、汉服文化等弘扬中华优秀传统文化教育理念""钢铁裁缝的工匠精神""科技自立自强的爱国意识"等思政元素，有利于培养学生的家国情怀，提高道德素养，推进文化自信自强，铸就社会主义文化新辉煌。

本书可作为职业院校服装类专业教材，也可供服装企业技术与管理人员参考使用。

图书在版编目（CIP）数据

服装工业制版/宋勇，曲长荣主编. —2版.—北京：化学工业出版社，2021.7（2024.1重印）
ISBN 978-7-122-38903-9

Ⅰ.①服…　Ⅱ.①宋…　②曲…　Ⅲ.①服装量裁-高等职业教育-教材　Ⅳ.①TS941.631

中国版本图书馆CIP数据核字（2021）第063320号

责任编辑：蔡洪伟　　　　　　　　　　文字编辑：李　曦
责任校对：王素芹　　　　　　　　　　装帧设计：王晓宇

出版发行：化学工业出版社（北京市东城区青年湖南街13号　邮政编码100011）
印　　装：北京宝隆世纪印刷有限公司
787mm×1092mm　1/16　印张16¼　字数379千字　2024年1月北京第2版第4次印刷

购书咨询：010-64518888　　　　　　　售后服务：010-64518899
网　　址：http://www.cip.com.cn
凡购买本书，如有缺损质量问题，本社销售中心负责调换。

定　　价：75.00元　　　　　　　　　　　　　　　版权所有　违者必究

前言

服装工业制版是成衣工业中重要的技术和生产环节。工业化成衣生产已成为现代服装加工的主要方式，它的工艺加工方法也日益变得成熟和完善，也越来越系统化。服装工业制版在服装加工中起到了承上启下的作用。

本书可帮助学生在学习专业技能的同时，提高道德素养，树立正确的世界观和价值观。本书将党的二十大报告中的新思想、新理念、科学方法论与专业知识、技能实践有机融合。每个任务增加了典型的思政事例及思考，如任务一"一针一线 用心传承百年工艺"体现了党的二十大报告中的"推进文化自信自强，铸就社会主义文化新辉煌。"任务三"汉服文化传承"体现了党的二十大报告中的"不断提升国家文化软实力和中华文化影响力。"

本书每个任务明确了学习目标、任务内容和技术要求，通过思政事例将服装制版师应具备的素质融合到课程学习中，通过岗位实训将企业典型工作任务融入课程内容中，并在每个任务后增加自我分析与总结，通过及时总结问题可让学生在循环学习中提升工作技能。本书构建了以课程内容为载体融合"课程思政"和"岗课赛证"元素为突破的校企合作开发新型活页式教材框架体系。

本书由宋勇、曲长荣任主编，张淼、李松燐、吴燕、纪恩峰任副主编。其中宋勇修订任务一和任务五，曲长荣修订任务二和任务六，吴燕修订任务三和任务七，李松燐修订任务四和任务八，张淼修订任务九，纪恩峰修订岗位实训和部分案例。

本书是校企合作教材，实训任务都是在山东雷诺服饰有限公司真实生产任务的基础上整理而成。书稿在撰写过程中难免存在一些局限和疏漏之处，真诚希望广大读者给予批评和指正，并与我们进行交流与沟通。

编 者

第一版前言

　　本书的编写内容直接服务于我国众多服装企业，企业要求能独立设计和制作适应工业化生产的成衣样版，并能综合服装风格、服装号型、服装材料、缝制工艺、生产设备等因素进行修正调版，以适应不同类型的服装企业文化和相关制版工作岗位。

　　教材内容直接从企业角度对制版师岗位任务进行梳理重组。选取了筒裙、男西裤、男衬衫、女时装、男西装五个典型服装款式推版为基础任务，根据企业类型和产品类别设计了根据设计图进行工业制版（读图）、根据企业订单进行工业制版（读单）、根据样衣实物进行工业制版（读衣）三个提升任务，为满足企业制版岗位的能力需求设计了综合任务。综合任务是对企业技术岗位工作的直接体验，包括绘制排料图和制订裁剪方案。基础任务采用递进式，提升任务采用平行并列式，综合任务创设情境式。

　　本书的内容组织彻底打破了原有的知识体系，完全按照我国现有服装产业的运行模式和相关服装企业的类型、岗位任务的能力要求和企业制版方式设计了九大任务，并按照工作过程设立了五个主要工作步骤。以培养学生能力和传授知识为主，兼顾产业服务和职业技能培训鉴定，创设工学结合的学习情境。任务内容按教学规律从简单任务到复杂任务的逻辑关系进行排列，从基础任务到提升任务再到综合任务，服装款式从筒裙到西装，操作过程从任务描述到任务拓展。

　　本书由宋勇、曲长荣任主编，张淼、李松燐、吴燕任副主编。其中任务一和任务五由宋勇编写，任务二和任务六由曲长荣编写，任务三和任务七由吴燕编写，任务四和任务八由李松燐编写，任务九由张淼编写。此外张岳、张琼、张秀英、刘洺君参加了本书部分内容的编写和整理工作。全书由宋勇统稿。

　　本书的编写得到了山东众多企业的大力支持，许多服装、款式、订单都是服装企业所提供的。此外，山东服装职业学院的领导和同事也给予了宝贵的指导和大力的支持。在此一并表示真诚的感谢！由于水平和能力有限，加之时间仓促，书中难免有许多不足之处，恳请各位师生或读者朋友批评指正。

编　者

2016 年 11 月

目录 CONTENTS

第一模块 服装工业推版 001

任务一　筒裙工业推版　/ 002

　学习目标　/ 002

　任务描述　/ 002

　任务要求　/ 002

　　知识点一　服装工业制版　/ 003

　　知识点二　服装工业样版　/ 004

　　知识点三　服装工业推版　/ 005

　任务分析　/ 010

　任务实施　/ 010

　案例链接　/015

　任务拓展　/ 016

　岗位实训　/ 017

　自我分析与总结1　/ 019

　自我分析与总结2　/ 020

任务二　男西裤工业推版　/ 021

　学习目标　/ 021

　任务描述　/ 021

　任务要求　/ 021

　　知识点一　服装工业制版的基础知识　/ 022

　　知识点二　服装CAD技术在工业制版中的应用　/ 030

　　知识点三　服装工业制版的量型关系及要求　/ 033

　　知识点四　板房介绍　/ 034

　任务分析　/ 036

　任务实施　/ 036

　案例链接　/044

　任务拓展　/ 045

　岗位实训　/ 047

　自我分析与总结1　/ 049

　自我分析与总结2　/ 050

任务三　男衬衫工业推版　/ 051

学习目标　/ 051

任务描述　/ 051

任务要求　/ 051

知识点一　服装工业样版的加放量技术　/ 052

知识点二　服装工业样版的标记技术　/ 054

知识点三　服装工业样版的检查与管理　/ 055

任务分析　/ 057

任务实施　/ 058

案例链接　/ 067

任务拓展　/ 068

岗位实训　/ 071

自我分析与总结1　/ 073

自我分析与总结2　/ 074

任务四　女时装工业推版　/ 075

学习目标　/ 075

任务描述　/ 075

任务要求　/ 075

知识点一　服装标准　/ 076

知识点二　服装号型　/ 077

知识点三　成衣规格设计　/ 083

任务分析　/ 085

任务实施　/ 086

案例链接　/ 097

任务拓展　/ 098

岗位实训　/ 101

自我分析与总结1　/ 103

自我分析与总结2　/ 104

任务五　男西装工业推版　/ 105

学习目标　/ 105

任务描述　/ 105

任务要求　/ 105

任务分析　/ 106

任务实施　/ 107

案例链接　/ 120

任务拓展 / 121

岗位实训 / 123

自我分析与总结1 / 125

自我分析与总结2 / 126

第二模块 服装工业制版

127

任务六　根据实物进行服装工业制版 / 128

学习目标 / 128

任务描述 / 128

任务要求 / 128

知识点一　服装工业制版流程 / 129

知识点二　成衣测量方法 / 131

知识点三　实物样品工业制版要求 / 132

知识点四　工艺文件编制 / 132

任务分析 / 140

任务实施 / 141

案例链接 / 156

任务拓展 / 157

岗位实训 / 159

自我分析与总结 / 160

任务七　根据订单进行服装工业制版 / 161

学习目标 / 161

任务描述 / 161

任务要求 / 161

知识点　　企业外贸订单的分析 / 162

任务分析 / 163

任务实施 / 165

案例链接 / 172

任务拓展 / 173

岗位实训 / 175

自我分析与总结 / 178

任务八　根据效果图进行服装工业制版 / 179

学习目标 / 179

任务描述 / 179

任务要求 / 179

知识点　　服装效果图分析 / 180

任务分析 / 181

任务实施 / 182

案例链接 / 194

任务拓展 / 195

岗位实训 / 199

自我分析与总结1 / 201

自我分析与总结2 / 202

任务九　综合应用　/ 204

学习目标 / 204

任务描述 / 204

任务要求 / 204

知识点一　服装排料　/ 205

知识点二　裁剪方案制订　/ 211

任务分析 / 215

任务实施 / 215

案例链接 / 221

岗位实训 / 223

自我分析与总结1 / 225

自我分析与总结2 / 226

附录1　服装制版师　国家职业技能标准　/ 227

附录2　生产工艺单格式　/ 243

参考文献　/ 249

第一模块

服装工业推版

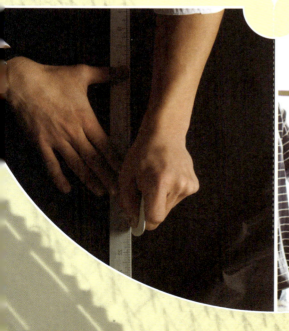

任务一

筒裙工业推版

学习目标

知识
1. 了解服装工业制版、服装工业样版、服装工业推版的基本概念。
2. 熟悉服装工业制版的流程，服装样版的分类。
3. 理解服装工业推版原理。

技能
1. 能进行筒裙的结构制图及母版的修正调整。
2. 能进行筒裙的推版。
3. 能够将筒裙的推版知识熟练应用到各类裙装推版中。

素质
1. 具备较高的政治思想觉悟，自觉遵纪守法。
2. 培养学生高度的责任感和严谨细致的工作作风。
3. 培养学生的团队合作意识。
4. 培养学生自主学习、自主探究的能力。

任务描述

该任务主要是掌握筒裙工业推版的过程，并以此为载体理解工业制版、工业样版和工业推版的概念。掌握筒裙推版中公共线的选取、设置关键点等的知识，理解裙类推版方法并能够举一反三。本任务宏观上采用"实例驱动"，在微观上采用"问题引导""启发式教学"以及用"边做边演示"的方法讲解工业纸样毛版制作技巧，同时要求学生"边看边做"，使学生对筒裙制作工业纸样从感性认识上升为理性认识，掌握筒裙工业推版技能。对知识进行归纳总结，通过本任务的完成帮助学生寻求新旧知识的联系及所学知识与相关学科的联系。

任务要求

1. 学生准备好制图工具。
2. 教师准备好1∶1筒裙样版一份，用于推版演示。
3. 教师引导学生共同分析款式图，包括款式分析、结构分析、工艺分析和成品规格分析。
4. 学生准备好1∶5筒裙样版，用于实践操作。

知识点一
服装工业制版

一、服装工业制版的概念

服装工业制版是指提供合乎款式要求、面料要求、规格尺寸要求和工艺要求的一整套利于排料、划样、裁剪、验片、缝制、后整理的纸样（Pattern）或样版的过程，是成衣加工企业有组织、有计划、有步骤、保质保量地进行生产的保证。

狭义的服装工业制版主要是指打版（打制母版）。广义的服装工业制版包括打版（打制母版）和推版（推档放缩）两个主要部分。

款式要求是指样版的款式要与客户提供的样衣，或经过修改的样衣，或款式图及设计师的设计稿的式样相符。面料要求是指根据样版所制作的成衣应考虑面料的性能，如面料的缩水率、面料的热缩率、面料的色牢度、面料的倒顺毛和面料的对格对条等。规格尺寸是指根据样版所制作的成衣规格需与根据服装号型而制定的尺寸或客户提供生产该款服装的尺寸相一致，它包括关键部位的尺寸和小部件尺寸等。工艺要求是指熨烫、缝制和后整理的加工技术要求需在样版上标明，如在缝制过程中，缝型是采用双包边线迹还是采用锁边线迹等不同的工艺。

二、服装工业制版的流程

1. 客户提供样品（Sample）及订单（Order）

（1）分析订单；
（2）分析样品；
（3）确定中间标准规格；
（4）确定制版方案；
（5）绘制中间规格纸样；
（6）封样的裁剪、缝制和后整理；
（7）依据封样意见共同分析；
（8）推版；
（9）检查全套纸样是否齐全；
（10）制订工艺说明书和绘制一定比例的排料图。

2. 只有订单和款式图或服装效果图和结构图但没有样品

（1）详细分析订单；
（2）详细分析订单上的款式图或示意图（Sketch）；
（3）其余各步骤基本与第一种情况的流程（3）[含（3）]以下一致，只是对步骤（7）要多与客户沟通，最终达成共识。

3. 仅有样品而无其他任何资料

（1）详细分析样品结构；

（2）面料分析；

（3）辅料分析；

（4）其余各步骤基本与第一种情况的流程（3）[含（3）]以下一致，进行裁剪、仿制（俗称"扒样"）。

三、服装工业制版与单裁单做的区别

单裁单做的服装满足人体的造型要求，对象是单独的个体。而服装工业纸样研究的对象是大众化的人，具有普遍性的特点。

单裁单做采用的方式是制版人绘制出纸样后，再裁剪、假缝、修正，最后缝制出成品；但成衣化工业生产是由许多部门共同完成的，这就要求服装工业制版详细、准确、规范，尽可能配合默契，一气呵成。

在质量上，服装工业纸样应严格按照规格标准、工艺要求进行设计和制作，裁剪纸样上必须标有纸样绘制符号和纸样生产符号，有些还要在工艺单中详细说明。服装工艺纸样上有时标记上胸袋和扣眼等的位置，这些都要求裁剪和缝制车间完全按纸样进行生产，才能保证同一尺寸的服装规格如一。而单裁单做由于是一个人独立操作，就没有这些标准化、规范化的要求了。

知识点二
服装工业样版

一、服装工业样版的概念

服装工业样版简单地讲，就是生产制作服装的图纸，又称纸样等，是服装企业从事生产活动所使用的标样纸板，它是在服装结构图的基础上，增加周边放量、定位标记、文字标记等样版信息然后裁制成的纸样。

服装工业样版是以批量生产为目的，并且具备工业化生产所需要的各种要素的纸样，是服装产品在工业化生产中工艺和造型的标准与技术依据。

二、服装工业样版分类

服装工业样版主要分为裁剪样版和工艺样版（见图1-1）。

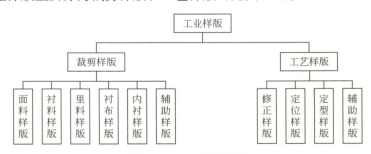

图1-1　工业样版分类

1. 裁剪样版

（1）面料样版　要求结构准确，纸样上标注正确、清晰。

（2）里料样版　宽度一般比面料样版大 0.2～0.3cm，称为坐缝量；长度一般比面料样版小一个折边，有些服装会使用半里。如面料与里料之间还有内衬，如棉茄克，里料样版应更长些，以备绱好内衬棉后做一定的修剪。

（3）衬料样版　衬料有无纺与有纺、可缝与可粘之分，根据不同的面料、部位、效果，有选择地使用，衬料样版一般要比面料小 0.3cm。

（4）内衬样版　介于面料与里料之间，主要起到保暖的作用，常用内衬有毛织物、弹力絮、起绒布、法兰绒等。内衬经常绗缝在里料上，但挂面处内衬是缝在面料上的。

（5）辅助样版　一般较少，只起到辅助裁剪的作用，例如茄克中松紧长度样版，用于挂衣的织带长度样版。

2. 工艺样版

（1）修正样版　用于校正裁片。

（2）定位样版　净样和毛样之分，主要用于半成品中某些部件的定位。

（3）定型样版　只用在缝制加工过程中，保持款式某些部位的形状，应选择较硬而又耐磨的材料制作。

（4）辅助样版　与裁剪用纸样中的辅助纸样有很大的不同，只在缝制和整烫过程中起辅助作用。

知识点三
服装工业推版

一、推版基础知识

1. 推版的概念

服装生产企业批量生产多种规格的成衣产品，是为了满足消费者选择不同号型成衣的需要。这就需要制版人员按照相关技术标准来绘制多规格、多尺码的全套工业样版。按照服装号型档差规格，以母版（一般为中间号型样版）为基准，兼顾各个号型系列关系，进行科学计算、放缩，打制出同款多规格号型系列样版的过程，称推版或放码。

2. 推版的依据

在进行推版前，首先应对母版进行核对；其次应以人体或服装各部位的规格档差为依据设置产品的规格系列，进行全套工业样版的推移与放缩。规格系列可分为号型规格、成品规格、配属规格三大类。

3. 推版的方法

服装推版的方法很多，虽然形式上有所不同，但原理是一致的，都是将母版进行放大、缩小，从而取得相似形。服装推版的主要方式为人工放码和计算机辅助放码。

利用计算机CAD辅助系统进行推版，准确、快速而直观，在服装企业生产中应用比较广泛。人工放码是服装推版技术的基础。常用的有以下几种方法：

（1）点放码法　也称为坐标法。首先确定样版上一基点为坐标原点，以此原点建立横纵坐标轴线后，进行不同规格衣片各个控制点以及样版轮廓参量值的计算并绘制出所需规格衣片样版的方法。

（2）线放码法　按人体与服装关系对样片进行纵向、横向的切分，然后以部位所需展开量按正确的变化方向推移各切分单元，并最终使推移后的衣片轮廓符合规格尺寸的要求。

（3）摞剪法　以小号规格标准纸样为基础，分别移动相应宽度和长度，一次摞剪一个部位，依次完成，见图1-2所示。

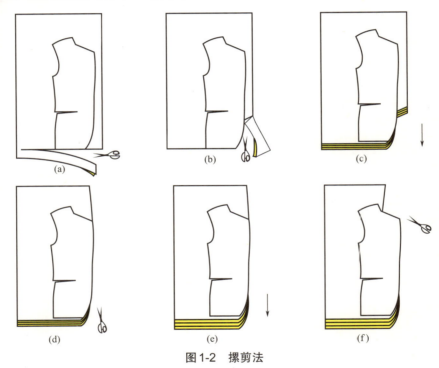

图1-2　摞剪法

（4）等分连线法　在样版上连接最小和最大号的各控制点，并进行多级等分后，连接完成各个号型服装样版的方法。

二、推版的原理

1. 线段的缩放

如图1-3所示，线段 $AB = 8$cm，AB 线段上有 C、D、E 三点，如果 AB 加长2cm成为线段 $A'B'$，那么，按推版的要求 C、D、E 三点如何进行相应变化为 C'、D'、E' 对应点？

首先看 C 点，$AC = 2$cm，$AB = 8$cm，AC 线段是 AB 线段总长中的一部分，当 AB 增加2cm时，AC 线段是 AB 线段长度的几分之一，那么，AC 线段也就增加2cm的几分之一，计算如下：

$CC' = AC/AB \times 2 = 2/8 \times 2 = 0.5\text{cm}$

$DD' = AD/AB \times 2 = 4/8 \times 2 = 1\text{cm}$

$EE' = AE/AB \times 2 = 6/8 \times 2 = 1.5\text{cm}$

线段 AB 上的 C、D、E 三点与线段 $A'B'$ 上的 C'、D'、E' 相似。

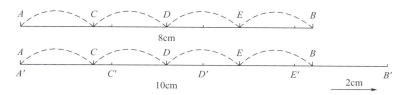

图 1-3　线段缩放

2. 几何图形的缩放

服装推版的原理与几何中图形相似变化的原理一致，服装的推版就是以衣片各部位规格档差通过相关的分配比例对衣片进行系列样版缩小或放大的全部过程。

推版一般是以二维坐标体系中的交点为基准点，在 X 轴上确定衣片围度或宽度的横向变化的增减量，在 Y 轴上确定衣片长度或深度的纵向变化的增减量，因此，衣片各个控制点即需要放码的放码点在 X 轴和 Y 轴方向上的数值变化共同决定该放码点的移动方向和移动量。

衣片轮廓复杂需要设置多个放码点，反之则少。下面以简单的正方形轮廓变化为例进行服装推版原理的引入分析，以边长 10cm 正方形为母版，推制出边长 12cm 正方形，见图 1-4 所示。

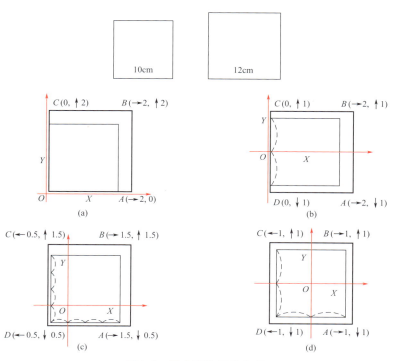

图 1-4　正方形的缩放方式

通过分析上面几个图形的缩放方式可知，虽然坐标原点选择不同时，图形上每个放码点需要推移变化的量不同，但最终获得的图形结果却是一致的。只是有的方法较为简单，有的较为复杂。因此，服装工业推版时，应尽可能简单推放，降低复杂推移方式所带来的失误。

3. 服装推版原理分析与放缩量计算

（1）放缩量的类别

① 规格档差　即各个号型规格之间的差值，通过号型规格表可以获得。比如衣长档差、胸围档差等显性放缩量。

② 部位档差　是指样版具体部位各个号型之间的差值，通过公式计算或比例关系而获得。比如领宽档差、胸宽档差等隐形放缩量。

（2）放缩量的取值　服装推版中各控制部位的放缩量是按照该部位的计算公式求出来的。本书中所使用的推版计算方法与比例制图中所使用的计算方法基本相同，但推版过程中的公式计算与结构制图中的公式计算还是有区别的。

① 服装结构制图过程中比例计算的基数是服装成品尺寸，而服装推版过程中比例计算的基数却是服装各号型之间的规格档差。

② 服装推版过程中比例计算公式是删除了调节值的，主要是因为在样版设计过程中，已对衣片做了相应的调节，此调节数在推版时不起作用了。

③ 服装推版过程中某些控制点或控制部位可以采用该部位所占整体比例进行推算。

④ 对一些无法计算、影响不大的微小部位，可按造型的比例做出微小的分档处理或调整。

⑤ 服装推版中也有些基本不变的部位，如搭门宽、领嘴、省道、折边宽等其他小部件。

三、推版的流程

1. 确定基准线

纵、横两条基准线是推版中各号型尺码的两条公共线。坐标原点就是这两条基准线的交点。设置合理的基准线可以使推移后的整个衣片轮廓清晰简洁，还可以减少推版数据计算的工作量。当然，不同类型的服装款式基准线位置选择可以不同，同时也可采用不同的推版形式与方法。

（1）确定原则

① 要适应人体体型变化规律。

② 有利于保持服装造型、结构的形似。

③ 便于推画放缩和纸样的清晰。

（2）选取条件

① 两条线条相互垂直。

② 一般是直线或曲率小的曲线。

常用服装推版基准线的选择见表1-1。

表 1-1　常用服装推版基准线的选择

部位名称			基准线可供选择的内容
上装	衣身	横向	上平线、袖窿深线、腰节线、底边线
		纵向	前后中线、胸宽线、背宽线
	袖子	横向	袖山深线、袖肘线
		纵向	袖中线、前袖直线
	领子	横向	领下口线、领上口线
		纵向	领后中线
下装	裤子	横向	腰围线、横档线、裤口线
		纵向	前后挺缝线、侧缝直线
	裙子	横向	腰围线、臀围线
		纵向	前后中线、侧缝线

2. 确定放码点

服装推版是衣片廓形的放大与缩小，衣片轮廓的复杂程度是放码点确定的依据，一般宽松类型的服装放码点较少，合身型的服装放码点较多。

衣片主要控制部位轮廓点须设定为放码点，且一些局部关键造型点也要设定为放码点。

衣片放码点设置越多，推版误差相对也越少。但是，设置放码点太多会增加计算量，要根据实际情况的需要灵活运用。

3. 确定推移方向

服装推版过程中各个放码点都包含推移量的变化和推移方向的限制。不同位置的放码点的推移量和推移方向也不相同。但须注意较大尺码衣片各个控制点的推移方向始终是远离坐标原点的。

4. 确定放码量

衣片放码量的确定是根据各个放码点所处坐标的位置与坐标原点主坐标的相关性计算出来的。放码点有单向缩放和双向缩放之分，凡离开 X、Y 两坐标的放码控制点都是双向放码点，须同时找出其在 X 轴和 Y 轴两个方向的平行变化量。

5. 拓制系列样版

拓版是将推版所得到的系列样版廓形逐号拓画出来。操作时可采用滚轮工具逐一沿各型号轮廓线压印在另一张样版纸上。最终逐一完成各个号型的拓画。

6. 复验与标注

（1）系列样版拓板和剪切工作完成后，还要对每一号型样版进行复验。

（2）所有号型的主要规格如衣长、胸围、袖长等，确保规格在允许的公差范围内。

（3）缝合尺寸相等部位，如侧缝、分割线、前后袖缝等，确保缝制工艺的实施。

（4）尺寸不相等部位，如袖山弧线与袖窿弧线、前后肩线等，要使不相等的差值保持在规定的范围之内。

（5）样版拼合检查，如将前后肩线对齐，观察袖窿弧线及领圈弧线是否圆顺，对于不符合要求的部位及时做出修正。

（6）在每个规格的所有样版上做标注。

任务分析

筒裙是指裙子的上部符合人体腰臀的曲线形状，下摆围等于或略小于臀围的一种造型，因外形呈筒状而得名。筒裙主要能够把人体腰臀的曲线和下肢的修长体现出来，给人一种简洁、明了、合体的感觉。该款为普通腰筒裙，腰头门襟处钉一粒明纽扣，前、后腰口各收四个省来处理臀腰差。裙片后中缝上端装拉链，下端开衩，见图1-5所示。筒裙适宜四季穿着，面料的选用范围较广，不同季节可选择不同厚薄的面料。

图1-5 筒裙

任务实施

一、号型规格

1. 号型规格设计

选取女子中间体160/68A，确定中心号型的数值，然后按照各自不同的规格系列计算出相关部位的尺寸，通过推档而形成全部的规格系列。查服装号型表可知：160/68A对应臀围为90cm。

（1）裙长规格的设计

裙长＝（2/5）号 ±X。

本款筒裙 X ＝ 1cm，即裙长＝（2/5）×160cm ＋ 1cm ＝ 65cm。

（2）腰围规格的设计

腰围＝人体净腰围 ±X。

本款筒裙 X ＝ 2cm，即腰围＝ 68cm ＋ 2cm ＝ 70cm。

（3）臀围规格的设计

臀围＝人体净臀围 ±X。

本款筒裙 X ＝ 4cm，即臀围＝ 90cm ＋ 4cm ＝ 94cm。

2. 系列规格表（见表1-2）

表1-2 筒裙系列号型　　　　　　　　　　　　　　　　单位：cm

部位	号型					档差
	150/60A XS	155/64A S	160/68A M	165/72A L	170/76A XL	
裙长L	61	63	65	67	69	2
腰围W	62	66	70	74	78	4
臀围H	86	90	94	98	102	4
腰宽WB	3	3	3	3	3	0

二、母版设计

1. 结构设计

选定160/68A为母版规格进行结构设计，结构设计参考公式见表1-3。

表1-3 筒裙计算公式　　　　　　　　　　　　　　　　单位：cm

部位	公式	数据	部位	公式	数据
前裙长	L−腰宽	62	后裙长	L−腰宽	62
前臀宽	H/4＋1	24.5	后臀宽	H/4−1	22.5
前臀高	号/10＋1	17	后臀高	号/10＋1	17
前腰宽	W/4＋1	18.5	后腰宽	W/4−1	16.5
前省长	9～11		后省长	10～12	

2. 结构制图（见图1-6）

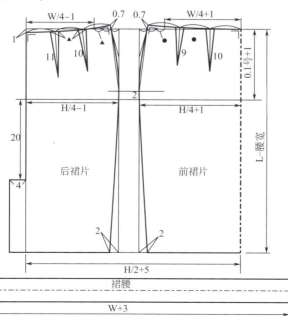

图1-6 筒裙结构

三、调版

前裙片和后裙片绘制完成后,最重要的一个步骤就是调版,首先对各部位尺寸进行细致核对,其次要进行线条细部的校验,比如腰口线与后中心线处是否垂直,腰口线与侧缝线是否垂直等,前后侧缝线长度是否相等,不顺的地方要调整。为了保证收腰省后腰口弧线的顺直,需要调整腰线的状态。如图1-7～图1-9所示。

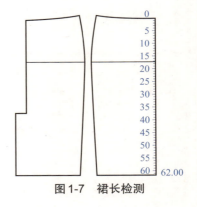

图1-7　裙长检测

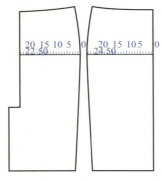

图1-8　臀围检测

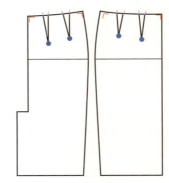

图1-9　线条检测

四、样版放缝及标注

复核完母版后,接下来制作工艺样版。就是根据筒裙工艺的要求加放缝份和贴边。一般外侧缝加放缝份为1cm,腰口线加放0.8～1cm,后中心线加放2cm,底摆加放4cm,同时,对筒裙样版进行文字标注和定位标记,如图1-10所示。

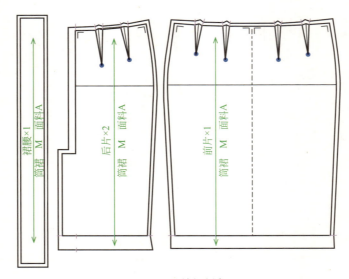

图1-10　筒裙样版

五、附件设计

筒裙的附件较少,主要是衬板的制作。包括裙衩衬板、底摆衬板和腰面衬板。

六、推版

筒裙推版分析:以臀围线为 X 轴,以裙中线为 Y 轴,这样只是在长度上把裙片分为上下两个部分,在围度上没有分割。筒裙的腰省大小不变、后中开衩宽度不变。

筒裙主要控制部位的档差见表1-4。

表1-4 筒裙主要控制部位档差及代号(5·4系列)　　　单位:cm

部位	档差	代号
裙长L	2	L_0
腰围W	4	W_0
臀围H	4	H_0

1. 筒裙前片推版(见表1-5、图1-11、图1-12)

表1-5 筒裙前片推档部位计算　　　单位:cm

部位		关键点	规格档差和部位档差计算公式	
			X轴数值和方向	Y轴数值和方向
筒裙前片	腰围	A	$X_A = 0$	$Y_A =$ 号$_0/10 = 0.5$;正向
		B	$X_B = W_0/4 = 1$;反向	$Y_B = Y_A = 0.5$;正向
	臀围	C	$X_C = H_0/4 = 1$;反向	$Y_C = 0$
	底摆	D	$X_D = X_C = 1$;反向	$Y_D = L_0 - Y_A = 1.5$;反向
		E	$X_E = 0$	$Y_E = L_0 - Y_A = 1.5$;反向
	省线	F	$X_F = (X_B) 2/3 = 0.66$;反向	$Y_F = Y_A = 0.5$;正向
		G	$X_G = (X_B) 1/3 = 0.33$;反向	$Y_G = Y_A = 0.5$;正向

注:表中方向为扩大号型时的方向,若缩小号型,则方向相反。

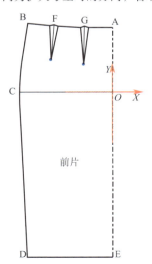
图1-11 关键点及坐标轴设置

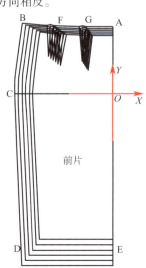
图1-12 筒裙前片推版全档图

2. 筒裙后片推版（见表1-6、图1-13、图1-14）

表1-6 筒裙后片推档部位计算　　　　　　　　　　　　单位：cm

部位		关键点	规格档差和部位档差计算公式	
			X轴数值和方向	Y轴数值和方向
筒裙后片	腰围	A	$X_A = 0$	$Y_A = 号_0/10 = 0.5$；正向
		B	$X_B = W_0/4 = 1$；反向	$Y_B = Y_A = 0.5$；正向
	臀围	C	$X_C = H_0/4 = 1$；反向	$Y_C = 0$
	底摆	D	$X_D = X_C = 1$；反向	$Y_D = L_0 - Y_A = 1.5$；反向
		E	$X_E = 0$	$Y_E = L_0 - Y_A = 1.5$；反向
	省线	F	$X_F = (X_B) 2/3 = 0.66$；反向	$Y_F = Y_A = 0.5$；正向
		G	$X_G = (X_B) 1/3 = 0.33$；反向	$Y_G = Y_A = 0.5$；正向
	衩点	H	$X_H = 0$	$Y_H = 0$

注：表中方向为扩大号型时的方向，若缩小号型，则方向相反。

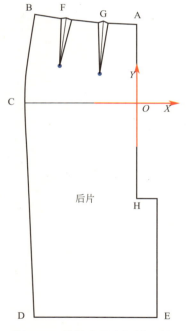

图1-13　关键点及坐标轴设置

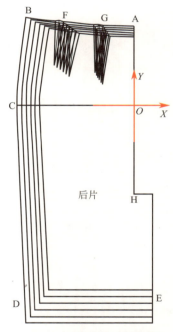

图1-14　筒裙后片推版全档图

3. 筒裙腰片推版（见表1-7、图1-15、图1-16）

表1-7 筒裙后片推档部位计算　　　　　　　　　　　　单位：cm

部位	关键点	规格档差和部位档差计算公式	
		X轴数值和方向	Y轴数值和方向
筒裙腰围	A	$X_A = W_0 = 4$；正向	$Y_A = 0$

注：表中方向为扩大号型时的方向，若缩小号型，则方向相反。

图1-15 关键点及坐标轴设置

图1-16 筒裙腰片推版全档图

案例链接

一针一线 用心血传承百年工艺

鲁绣是历史文献中记载最早的一个绣种，属中国"八大名绣"之一。文登素有"鲁绣之乡"的美誉，而提到文登鲁绣就不得不提国家级技能大师、鲁绣传承人田世科。三十多年来，他潜心研习鲁绣工艺美术技艺，设计创作了3000多幅精美绝伦的鲁绣作品，用针线保留、传承、发扬着鲁绣技艺。

1988年，怀揣传承鲁绣梦想的田世科来到芸祥绣品有限公司，成为了一名绣花匠。作为鲁绣传承人，一针一线之间，他已经坚持了30多年。

田世科见证了30多年鲁绣技艺的浮沉变迁。随着科技的发展，机绣逐渐代替手绣，鲁绣产品附加值一降再降，原先红火的产业风光不再。看到鲁绣的没落，田世科痛心疾首。2006年，田世科成为了一名共产党员，共产党员的使命感，让田世科承担起了鲁绣产业复苏的重任。

怎样把鲁绣技艺很好地保留下来，传承下来？怎样把鲁绣技艺变成生产力，变成效益？思考中的田世科选择了一条静默孤独的道路，十几年始终如一。

他重新学习鲁绣技艺几十种技法，有时为了刻画一个形象，他一坐就是一天。他还大胆创新，将鲁绣的袜底绣、小辫绣等手工艺进行有机融合。

功夫不负有心人。田世科的作品在各项大赛中屡获佳绩，其中《荣华富贵》荣获中国工艺美术百花奖金奖；《鲁风新绣》荣获中国国际家用纺织品设计大赛银奖。耐得住寂寞才守得住繁华，田世科的坚守，为古老的鲁绣赋予了新的特色和生命。

三十多年的创新，三十多年的积淀，田世科和他的团队创新的花样立体绣、一彩双面绣等工艺已获得4项国家发明专利。田世科也先后获得"全国技术能手""山东省首席技师"等荣誉称号。

思考

1. 您所了解的服装传统技艺有哪些？
2. 如何才能练就服装技艺？

根据提供筒裙的母版，自主设计档差和坐标轴，进行筒裙工业推版（扩大和缩小各一号），见图1-17。

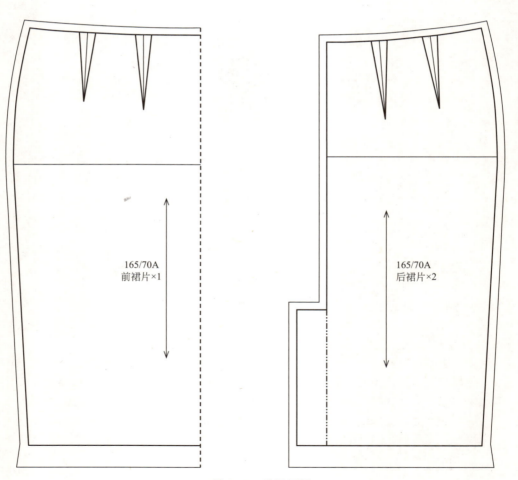

图1-17 筒裙母版

岗位实训

实训项目	斜裙工业推版				
实训目的	1. 能够看懂斜裙款式图，正确地分析斜裙款式特点。 2. 能够设计制作斜裙的母版。 3. 能够运用所学知识，进行斜裙工业推版，达到举一反三				
项目要求	选做		必做	是否分组	每组人数
实训时间				实训学时	学分
实训地点				实训形式	
实训内容	某服装公司技术科接到生产任务单，经过整理如图1-18、表1-8所示，请根据提供材料进行服装工业推版。  图1-18　斜裙 表1-8　斜裙成品规格表　　　　　单位：cm				

部位	号型					档差
	150/60A XS	155/64A S	160/68A M	165/72A L	170/76A XL	
裙长L	41	43	45	47	49	2
腰围W	62	66	70	74	78	4
腰宽WB	3	3	3	3	3	0

续表

实训材料	打版纸、拷贝纸
实训步骤及要求	评分标准及分值
1.实物款式图和成品规格表的分析 要求：对款式特点、规格进行分析	对款式的分析、定位准确，不符酌情扣 5～20 分。 分值：20 分
2.母版设计 要求：根据分析，进行结构制图和结构设计。 结构设计与实物一致合理，母版数量齐全，样版线条流畅	版型结构合理，比例正确，不符酌情扣 5～30 分。 样版（或裁片）数量齐全，缺一处扣 1 分，扣完为止。 各缝合部位对应关系合理，一处不符合扣 1 分，扣完为止。 各部位线条顺直、清晰、干净、规范，不符处酌情扣 1 分，扣完为止。 分值：30 分
3.毛版设计 要求：样版分割合理，缝份准确。样版文字标记和定位标记准确	各部位放缝准确，一处不符合扣 1 分，扣完为止。 样版文字说明清楚，用料丝缕正确一处不符合扣 1 分，扣完为止。 定位标记准确、无遗漏，一处不符合扣 1 分，扣完为止。 分值：20 分
4.推版 要求：推版公共线选取合理，关键点准确，计算准确，绘制标准	推版计算合理，一处不符合扣 1 分，扣完为止。 分值：30 分
学生评价	
教师评价	
企业评价	

存在的主要问题：	收获与总结：

今后改进、提高的情况：

020

第一模块 服装工业推版

自我分析与总结2

存在的主要问题：

收获与总结：

今后改进、提高的情况：

任务二

男西裤工业推版

学习目标

知识
1. 了解服装工业制版的基础知识。
2. 熟悉服装CAD技术在工业制版中的应用和服装板房的相关内容。
3. 理解服装工业制版中量和型的关系。
4. 掌握男西裤规格设计方法。

技能
1. 能独立绘制男西裤母版并进行修正。
2. 能进行男西裤的推版。
3. 能够将男西裤的推版知识熟练应用到各类裤装推版中。

素质
1. 培养学生具备诚实守信的品质。
2. 培养学生高度的责任感和严谨精细的工作作风。
3. 培养学生的团队合作能力。
4. 培养学生自主学习、自主探究的能力。

任务描述

本任务要求学生掌握西裤工业推版的过程和方法、公共线的选取、设置关键点等知识和技能，理解西裤类推版原理并能够举一反三，掌握男西裤工业推版技能。

任务要求

1. 学生准备好制图工具。
2. 教师准备好1∶1男西裤样版一份，用于推版演示。
3. 教师引导学生共同分析款式图，包括款式分析、结构分析、工艺分析和成品规格分析。
4. 学生准备1∶5男西裤样版，用于实践操作。

知识点一
服装工业制版的基础知识

一、服装工业制版的特征

（1）服装工业制版具有综合性，它包含了服装的"造型—结构—制作—后整理"的一系列工作过程。

（2）服装工业制版具有系列性，包括系列规格制版、系列工业样版。

（3）服装工业制版具有技术性，而且技术要求很高，要求做到标准、齐全、精致、准确无误。

二、服装工业制版的内容

（1）打制母版　分析服装的款式结构及造型，确定成衣系列规格，打制开头样，裁剪衣片，指导样品制作，进行母版的制作。

（2）推档放缩　按照母版制作成样衣后并确认，以准确无误的母版为基础按样版推档放缩要求进行系列规格的推放，得到系列规格样版图形（一图全档）。

（3）样版制作　按服装工业生产要求制作相应的服装生产样版，如裁剪与工艺系列样版等。

（4）服装生产工艺文件编制　根据服装生产特点，编写服装生产工艺文件。

三、服装工业制版与结构制图（纸样）的区别与联系

（1）服装工业生产中的样版是以结构制图（纸样）为基础，结构制图（纸样）是工业制版的前提，结构制图（纸样）正确与否关系到工业样版的准确性，而结构制图（纸样）则是工业制版的母版或称原型。

（2）服装结构制图（纸样），只是绘制系列样版当中的（系列规格号型）其中一个号型（一般是中间号型规格）；而工业制版需要将系列规格号型所包含的系列样版一片不漏地绘制出来，系列化要求较高。

（3）服装结构制图（纸样）适合单件或数量较少的服装生产，有时可简化一些部件或其他纸样的绘制；工业制版适用于大批量服装生产，必须全面详细地绘制出结构制图（纸样），制作出所有生产所需样版，同时在原始阶段就必须考虑服装生产中的缩率问题。

（4）服装结构制图（纸样）在操作过程可省略其中的程序，如可直接在面料上进行操作（单件结构设计时）；而工业制版则必须严格按照规格标准、工艺要求进行设计和制作，样版上必须有相应的合乎标准的符号或文字说明，还必须有严格的详细的工艺说明书；标准化、系列化、规范化极强。

（5）服装工业制版进行系列规格样版的绘制，不但能够较好地把握各号型成比例变化的规律，使规格准确，款型一致，同时能够为社会提供造型一致，规格不同的服装产品，满足不同体型服装消费者的需求。系列生产样版的制作，有利于生产单位科

学地组织生产，不但能直接提高生产效率，而且通过排版排料能够提高服装材料的利用率，减低服装成本，为市场营销奠定良好的基础。

（6）服装工业制版是适应现代科技发展要求的一项技术性与科学性很强的工作，计算与推导要求细致、科学严谨，度量、划线、推剪均必须准确无误；尤其是在数字化技术被运用于现代服装成衣生产之中时，工业制版更是不可缺少的一个重要组成部分。

四、服装工业制版的方法

（1）人工制版　工具简单、直观、方便；较耗时，有误差（投入较低）。
① 推档法　比例、比率（一图全档）；
② 推划法　直接推划（一次一片）；
③ 推剪法　扩号、摞剪法（一次多片）。
（2）计算机辅助制版法（CAD）　快捷、方便、精确（投入较高）。
① 直接法　在计算机上直接用鼠标绘制后再进行处理，精度不高。
② 输入法　人机直接交流，快捷、精确。通过数字化仪输入中档版型后进行处理，该方法为目前服装CAD制版的主流形式。

五、单位换算与部位代号

1. 服装工业制版常用计量单位换算（见表2-1）

表2-1　常用计量单位换算

公制			市制		英制	
m	cm	mm	市尺	市寸	ft	in
1	100	1000	3	30	3.28034	39.3701
0.01	1	10	0.03	0.3	0.03281	0.3937
0.001	0.1	1	0.003	0.03	0.003281	0.03937
0.3333	33.33	333.33	1	10	1.0936	13.1234
0.03333	3.3333	33.333	0.1	1	0.1936	1.31324
0.3048	30.48	304.8	0.9144	9.144	1	12
0.0254	2.54	25.4	0.0762	0.762	0.08333	1

注：1yd＝3ft＝36in；1ft＝12in；1in＝2.54cm；1丈＝10市尺＝100市寸。

2. 服装工业制版常用代号（见表2-2）

表2-2　常用代号

部位	代号	部位	代号	部位	代号	部位	代号
胸围	B	膝围线	K·L	股上	BR	脚口	SB
腰围	W	领围线	N·L	股下	IL	袖口	CW

续表

部位	代号	部位	代号	部位	代号	部位	代号
臀围	H	袖窿围	AH	肩宽	S	肘线	E·L
腹围	MH	衣长	L	前胸宽	FBW	袖山	ST
领围	N	前节长	FL	后背宽	BBW	颈肩点	N·P
胸高点	B·P	背长	BL	颈侧点	SNP	肩端点	SP
胸围线	B·L	裙长	SL	领高	NH	大腿根围	TS
腰围线	W·L	裤长	TL	领宽	NW	前裆缝长	FR
臀围线	H·L	袖长	SL	前领围	FN	袖窿深	AHL

3. 服装尺码换算表（见表2-3）

表2-3 服装尺码换算表

	女装（外衣、裙装、恤衫、上装、套装）				
中国	160～165/ 84～86	165～170/ 88～90	167～172/ 92～96	168～173/ 98～102	170～176/ 106～110
国际 美国 欧洲	XS 2 34	S 4～6 34～36	M 8～10 38～40	L 12～14 42	XL 16～18 44
	男装（外衣、恤衫、套装）				
中国	165/88～90	170/96～98	175/108～110	180/118～122	185/126～130
国际	S	M	L	XL	XXL
	男装（衬衫）				
中国	36～37	38～39	40～42	43～44	45～47
国际	S	M	L	XL	XXL
	男装（裤装）				
尺码 腰围 裤长	42 68～72cm 99cm	44 71～76cm 101.5cm	46 75～80cm 104cm	48 79～84cm 106.5cm	50 83～88cm 109cm

4. 服装常用部位中英文名称（见表2-4、表2-5）

表2-4 上装常用部位中英文名称

上装部位名称（英文）	上装部位名称（中文）	上装部位名称（英文）	上装部位名称（中文）
length of front	前衣长	1/2 width at the chest level	胸围
length of back	后中长	length of long sleeve with back	袖长（从后中量）
cB length		sleeve length（from CB neck）	
width of back on yoke level cross shoulder	肩宽	1/2 sleeves with above armhole measurement	袖窿
chest 1″ below armhole	胸围（袖窿下1″）	upper arm girth	臂围
1/2 width at the waist level	腰围	elbow	肘围
waist 19″ below HSP	腰围（肩点下19″）	sleeve opening	袖口

上装部位名称（英文）	上装部位名称（中文）	上装部位名称（英文）	上装部位名称（中文）
1/2 width at the bottom level	摆围	length of cuff	袖克夫
sweep relaxed		NK line	领线
across front	前宽	length of collar	领围
across back	后宽	collar width on top	上领围
bottom hem height	下摆贴边宽	collar width on neck hole	下领围
front yoke from HPS	前育克（从肩点量）	CB collar height	后领高
back yoke from CB NK	后育克（从肩点量）	front collar height	前领高
front armhole	前袖窿弯量	front neck	前领圈
back armhole	后袖窿弯量	back neck	后领圈
length of long sleeve	袖长（从肩点量）	neck drop	领深
front center line	前中心线	neck opening	领脚长
back center line	后中心线	collar stand	领脚高
wrist girth	腕围	collar point length	领尖长
biceps circumference	袖肥	hood length incl. visor from CB	帽长
placket	门襟宽	hood height	帽高
shoulder lopes	肩斜	visor height	帽舌高
yoke length	过肩长（宽）		

表2-5　下装常用部位中英文名称

下装部位名称（英文）	下装部位名称（中文）	下装部位名称（英文）	下装部位名称（中文）
side length	外长	knee line	膝围
inseam	内长	rise, fork to waist	直裆
wast	腰围	seat	上裆
abdomen girth	腹围	zipper	拉链
hip/seat	臀围	front pocket opening	侧袋长
thigh	横裆	back pocket opening	后袋长
knee	中裆	loops	马王祥
bottom	裤口	facing length	贴袋宽
front rise	前浪	height pocket	贴袋高
back rise	后浪		

5. 服装工业制版和缝制工艺符号（见表2-6～表2-13）

表2-6　服装工业制版基本符号

序号	符号	名称	说明	序号	符号	名称	说明
1	———	基本线	细实线	4	—·—·—	点画线	裁片连折不可裁开的线
2	———	实线	粗实线
3	⌒⌒	等分线	裁片某部位相等距离的间隔线	5	—··—··—	双点画线	用于服装的折边部位

续表

序号	符号	名称	说明	序号	符号	名称	说明
6	------	虚线	显示背面的轮廓线	10	⌐	直角号	两条线垂直相交成90°
7	↔	距离线	裁片某部位两点间的距离	11		对称号	两个部位尺寸相同
8		裥位线	某部位需要折进去的部分	12	✕	重叠号	裁片交叉重叠处标记
9		省道线	需要缝进去的形状				

表2-7 服装制作工序符号

名称	作业开始	一般平缝机	专用机台	手工作业	手工烫台	质检查	量检查	作业完成
符号	▽	○	⊘	◎	⌒	◇	□	△

表2-8 服装熨烫工艺符号

名称	烫干	烫圆	拉烫	缩烫	归烫	拔烫
符号	90℃	120℃	120℃	140℃	140℃	140℃

名称	湿烫	干烫	盖布烫	不能烫	黏合烫	蒸汽烫
符号	300℃	100℃	500℃	0℃	200℃	500℃

注：符号中的数字表示熨烫温度，温度的高低应根据面料测试的承受度数来标注。

表2-9 服装工业制版专用符号

布丝方向	前、后中心线	缉压明线	贴衬部位
	CB　CF		

续表

斜向用料	抽碎褶	缝止位置	装拉链位置
压剪口合印	拨开位置	吃势位置	纽扣位置
扣眼位置	覆缉明线	线袢位置	顺褶
包 平 圆			
对褶	倒褶一	倒褶二	省道
开线袋位	明贴袋位	挖袋位置	版型拼接位置
			A B

表2-10 服装手针工艺符号

序号	名称	符号	序号	名称	符号	序号	名称	符号
1	搽针		6	攻针		11	线袢	
2	线钉		7	锁眼		12	套针	
3	缲针		8	扳网针		13	蜂窝针	
4	纳针		9	三角针		14	钉扣	
5	倒钩针		10	杨树花针		15	封结	

表2-11　服装制作缝型符号

序号	名称	符号	序号	名称	符号	序号	名称	符号
1	平叠缉		9	分坐缉缝		17	缉滚边	
2	平接缉		10	内包缉缝		18	夹翻缉线	
3	分缝		11	来去缉缝		19	双边扣翻缉线	
4	坐倒缝		12	漏落缉缝		20	缉嵌线	
5	坐缉缝		13	灌缉缝		21	缉绱拉链	
6	卷边缝		14	缉缝拷光		22	四针橡筋	
7	明包缉缝		15	双针平缉缝		23	缉纳杆	
8	分缉缝		16	缉明筒		24	缉碎褶	

表2-12　服装辅料符号

序号	名称	符号	序号	名称	符号	序号	名称	符号
1	拉链		11	尼龙搭扣		21	毛衬	
2	扣子		12	三角边		22	无纺胶衬	
3	子母扣		13	橡根		23	棉布衬	
4	拉心扣		14	羽绒		24	有纺胶衬	
5	腰夹		15	棉垫肩		25	马鬃衬	
6	挂钩		16	泡沫垫肩		26	树脂衬	
7	四件扣		17	无绳嵌线有绳嵌线		27	腈纶棉	
8	垫扣		18	罗纹		28	绒面胶衬	
9	领钩		19	里绸		29	布牙边	
10	四绳		20	麻衬		30	纤条	

表 2-13　服装裁剪和版型符号

序号	符号	名称	说明	序号	符号	名称	说明
1	□○■●	同寸	表示两根图线，弧度不同，但长度相同	17		刀口	裁片某部位对刀标记
2	═ ‖	相等	表示两根图线，长度和弧度均相等	18		罗纹	裁片某部位装罗纹边
3	△*₂	放缝	三角形为放缝符号，*号下面数字，表示具体放量	19		塔克线	裁片需折叠后缉明线
4	∟	直角	同∟用途相同	20		司马克	用于服装装饰线迹
5	△	向上	该符号用于裁片型板作提示	21		碎褶	用于裁片需要收褶的部位
6	▽	向下	该符号用于裁片型板作提示	22		折裥	斜线方向表示高向低折叠
7	▭	正面	该符号用于裁片型板作提示	23		明裥	表示裥面在衣片上面
8	⊠	反面	该符号用于裁片型板作提示	24		暗裥	表示裥面在衣片下面
9	↕	经向号	表示原料的纵向	25		眼位	表示扣眼位置
10	→	顺向号	表示毛绒顺向	26	⊕	扣位	表示扣子位置
11		光边	表示借助面料直布边	27	⊙	钻眼号	裁片内部定位标记
12		连口	表示型板连折部位	28	------	明线	缉明线的标记
13		净样号	裁片型板无缝头标记	29		开省号	省道需要剪开的标记
14		毛样号	裁片型板有缝头标记	30		对条号	表示型板要与面料对条
15	✳	劈剪样	表示该型板作劈剪用	31	⊠	对花号	表示型板要与面料对花
16	◁	拼接号	裁片型板允拼接标记	32		对格号	表示型板要与面料对格

知识点二
服装CAD技术在工业制版中的应用

一、服装CAD现状

1. 国外服装CAD技术运用现状

　　服装CAD（计算机辅助设计）技术发展到现在已有近50年的历史，20世纪70年代初由美国率先推出服装CAD之后，相继有法国、日本、西班牙、德国、英国、意大利、瑞士等国家先后研制开发出CAD系统，其中影响较大的国外品牌有：美国格柏（Gerber）CAD/CAM系统、法国力克（Lectra）CAD/CAM系统、西班牙艾维（Investronica）CAD/CAM系统、美国（PGM）CAD/CAM系统、德国艾斯特（Assyst）CAD/CAM系统、加拿大派特（PAD）CAD/CAM系统。

　　国外服装CAD技术已普遍使用，欧洲服装CAD系统在服装企业使用率达95%以上，全世界服装CAD/CAM系统的销售量以每年30%的速度在递增，年销售额超过300万美元的服装企业均配备了服装CAD/CAM系统。服装CAD技术的普遍使用，使得服装技术精确度与效率大幅度提高，但由于投资较大，实际综合利用率偏低，潜力尚未完全开发。因此许多国外的服装CAD制造商，将重心向服装CAM（计算机辅助制造）等单元技术转移，向CAD/CAM（计算机辅助制造系统）/MIS（信息管理）/FMS（柔性制造系统）/ERP（企业资源管理系统）等综合服装生产系统发展，即向计算机集成化制造系统（CIMS）等领域迈进。

2. 国内服装CAD技术运用现状

　　我国从20世纪80年代中期，在引进、消化和吸收国外软件的基础上开始了服装CAD的研制，在各行业研究开发人员的迅速投入下，我国服装CAD系统较快地从研究开发阶段进入了实用商品化和产业化阶段。目前性能较好、功能比较完善、市场推广力强、商业动作比较成功的国内服装CAD系统主要有：航天工业总公司710研究所的航天服装CAD系统（ARISA）、杭州爱科电脑技术公司的爱科服装CAD系统（ECHO）、北京日升天辰电子有限公司的NAC-200系统、深圳富怡电脑机械有限责任公司的RICIIPEACE系统以及ET、时高、至尊宝坊、博克CAD系统。国产服装CAD系统是在结合我国服装企业的生产方式与特点的基础上开发出来的，常用的款式设计、打版、放码、排料等二维CAD模块在功能和实用性方面已不逊色于国外同类软件。

二、知名服装CAD/CAM系统简介

1. 国外服装CAD/CAM系统

　　（1）美国格伯（Gerber）系统　系国际领先的服装CAD/CAM系统之一，由款式设计系统（Artworks）、纸样及推版排料系统（Accumark）、全自动铺布机（Spread）、自动裁剪系统（Gerbercut）、吊挂线系统（Gerbermover）、生产资料管理系统（PDU）等组成，系统的主要特点有：

① 系统提供多种绘图工具，扩大了设计师的创作空间。设计师利用光笔可按更接近于自身的习惯进行面料、款式、服饰配件的设计，操作简单、效率得到了提高。

② 采用工作站的形式实现了纸样设计、推版和排料的一体化，并在多视窗环境内可进行同步操作纸样设计、整批处理纸样的推版和排料等。

③ 具有 UNIX 的多用户、多任务能力，兼备同步作业，有强大的联网功能。

（2）法国力克（Lectra）系统　系统由款式设计系统（Graphic Instinct）、纸样设计和推版系统（Modaris）、交互式和智能型排料系统（Diamino）、资料管理系统（Style Binder）、裁剪系统[其中裁剪系统有拉布（Progress）、条格处理（Mosaic）、裁片识别（Post print）及裁剪（Vector）]等组成，是 CAD/CAM 的领导品牌。该系统特点：

① 产品具备智能化、开放性并支持多种操作平台，使用户有充分的选择范围。

② 款式设计系统采用一台智能、互动、高分辨率绘图板，附有独特的光笔，它能模仿毡头笔（Felt Pen）、蜡笔（Crayon）、油画笔（Paintbrush）等，操作和使用犹如一块普通画板那样自如。

③ 自动由基本版生成款式并分割纸样。内建自动检查功能，减少错误的产生，避免重复工序，推版的精度达到 0.1mm。

④ 能处理各类面料的排料，能正确达到节约耗量，可以提高 2%～10% 的用料，所有数据直接传递到铺布机和自动裁剪系统。

（3）德国艾斯特（Assyst）系统　包括款式设计系统（Design System）、工艺制造单系统（Assy FORM）、制版和推版及款式管理系统（Assy CAD）、成本管理（Assy COST）与排料及自动排料系统（Assy LAY & Assy NEST）、裁剪系统（Assy CUT）等。系统的特点：

① 可以提供多种典型款式的工艺制造单。

② 提供 400 多种功能，使制版、推版和排料等更容易。

③ 有三种排料界面：铺开排料、横式菜单排料和竖式菜单排料。

（4）西班牙艾维（Investronica）系统　主要有服装款式设计制版、推版、排料、生产工艺管理、自动裁剪、吊挂运输线等系统；其中服装 CAD 系统有五个功能：纸样设计模块（Invesdesigner）、修版及推版模块（PGS）、交互式及自动排料模块（MGS）、多媒体生产数据管理模块（INVES PM）和量身定做模块（INVES MTM）。

（5）美国 PGM 系统　包括设计系统（图案设计、面料设计和款式设计）、纸样设计系统、推版系统和排料系统四个部分，系统的特点：

① 系统支持多种 Windows 操作平台。

② 结合手工制版的习惯，全程记录手工制版的思路、顺序和步骤等，能依据成衣尺寸，立即得到新的纸样。

③ 分割后的纸样不论大小，迅速完成自动推版。

2. 国内服装CAD/CAM系统

（1）航天工业总公司 710 研究所（ARISA）服装 CAD 系统　该研究所是我国最早进行服装 CAD 技术研究和开发的科研单位之一，在国家"七五""八五"科技攻关计划的支持下研制出了服装 CAD 系统，它由款式设计系统、纸样设计系统、推版系统、排料系统和试衣系统组成。系统的特色：

① 采用了多种纸样设计方法，如原型法、比例法、D 式裁剪法等。

② 提供了多种曲线设计工具（曲线板、NURBE 曲线、自由曲线、弧线等），使制版方便快捷。

③ 具有整体图案色彩变化功能、织纹设计，能动态进行图案、颜色、面料的搭配。

（2）北京日升天展电子有限公司服装 CAD 系统（NAC-200） 日升公司是专门从事服装行业计算机应用系统的技术研究、开发和推广应用的高新技术公司，它的产品主要有：服装工艺 CAD 系统（原型制作、纸样设计、推版和排料）、量身定做系统和工艺信息生产管理系统。系统特点：

① Knit 原型（含放松量的成衣原型，适用比较宽松的服装）和文化式原型。

② 具有多种绘图工具，能准确而随意绘制各种线条，及时进行长度调整、相关的修正处理、相关的拼合检查、省道处理。

③ 采用的切开线推版法是该系统的特色所在。

④ 交互式的对格、对条排料，允许主对条格和辅对条格两种方式排料，并提供自动对位排料功能。

（3）广州樵夫科技开发有限公司服装 CAD 系统 把从事服装 CAD 技术研究和开发作为服装工作室的一部分，目前，公司的产品由金顶针服装设计大师（即款式设计系统）、纸样设计模块、推版模块和排料模块等组成。系统特点：

① 款式设计系统对设计者的落笔相当宽容，很适合非艺术类人员进行操作。

② 能准确刻画设计细节，非常贴近三维效果显示。

③ 选材广泛、数量庞大的各种资料库，如款式库、模特库、辅料库等。

④ 系统强调"一工多能"，即一种工具能实现多种功能。

⑤ "弱化"了推版模块的作用。

（4）杭州爱科电脑技术公司服装 CAD 系统（ECHO） 该公司的 CAD 系统由款式设计、纸样设计、推版、排料、试衣等五个模块组成，各模块的功能基本与常见的服装 CAD 系统相似。

（5）深圳富怡电脑机械有限责任公司服装 CAD 系统（RICHPEACE） 该公司成立较晚，但它的产品却很多。主要产品有纸样设计系统、推版系统、排料系统等。

主要特点如下：

① 界面简洁，操作非常灵活；

② 纸样推版文件可以保存为国际通用的 dxf 格式文件。

三、服装CAD系统的特点

1. 服装推版方面常用的方式

（1）增量法 点放码法，每一个衣片都有一些关键点，在推版时给每个点以放大或缩小的增量，即长度方向和围度方向的变化值，新产生的点就构成了放大或缩小纸样上的关键点，然后再绘制并连接成放大或缩小纸样。

（2）公式法 对于纸样上的所有关键点，可以利用绘制纸样的各基本公式来计算其坐标值。

（3）切开线法 在纸样放大或缩小的位置引入恰当、合理的割线，然后在其中输入切开量,（根据档差计算得到的分配数）即可自动放缩。

2. 服装CAD系统的特点

（1）集成化　服装CAD系统与服装企业计算机集成制造系统（CIMS）、服装的电子贸易相结合，该技术在各国呈迅速发展趋势。

（2）立体化　随着计算机图形学和几何造型的发展，研究、开发逼真的实用3D试衣CAD系统、仿真时装走秀，有效解决从服装款式设计到纸样设计的专家系统，真正实现二维到三维的转换。

（3）智能化　充分吸收优秀服装设计师、制版师、推版师、排料师的成功经验，建立和丰富专家知识库，使服装CAD系统达到智能化、自动化。

（4）标准化　各服装CAD系统的研究和开发应保证系统具有一定的开放性和规范性，使各系统的数据格式保持一致，能相互交流并传递信息。

（5）网络化　信息的及时获取、传送和快速反应，是企业生存和发展的基础。服装CAD系统的各种数据可通过Internet网络进行传送，并与数据库技术相集成，以缩短产品开发周期、降低成本、提高质量、改进企业管理。

知识点三
服装工业制版的量型关系及要求

一、服装工业制版中的"量与型"

1. 制版中的"型"及其要求

服装工业制版的"型"是服装版型的简称，是工业制版过程中运用服装结构设计的方法，将立体的服装款型转化为平面的结构图形后而得到的服装版型；版型是由样版的轮廓线条所构成，轮廓线条的形状影响版型的款型，而版型又最终影响着服装款型的优美程度。工业制版完成后，所产生的系列服装，除规格数据有明显的差异外，其服装款型应完全相似，即同一款型按一定的比例有规律地扩大或缩小，以得到相似的服装款型。因此轮廓线条的流畅顺直、合理规范，成为了工业制版中对型的基本要求。

2. 制版中的"量"及其要求

工业制版中的"量"，首先表现为与服装款式相关的单一的规格数据，以及服装系列化时各号型规格中所有数据，如成衣系列规格表中列出的各规格的衣长、胸围、腰围、臀围等具体部位的数值。在工业制版操作过程中，对这些数据的要求是十分准确和严谨的。单一的号型规格数据，来自于精确的人体测量和科学的结构设计；系列规格数据，来自于GB/T 1335《服装号型》与成衣规格设计。在工业制版中只有"量"的准确，才能够保证所生产的成衣符合相应的人的体型要求，才能有基本的检测标准。因此，"量"的准确是服装工业制版的基本要求。同时，工业制版中的"量"有显量与隐量之分，显量即服装的明示规格或主要规格，对服装的版型起决定作用；而隐量为服装的隐性规格或次要规格，体现于服装版型的次要部位，对版型起补充作用。

二、服装工业制版中的"量与型"关系

1. 工业制版中"量与型"的基本要求

服装工业制版要求按照档差的量的要求放缩样版，从而制作造型相似的系列化样版，因此服装工业制版中的"量与型"的关系密不可分。受量控制的部位越多，样版缩放的受限条件就越多，制版的自由度也受限；受量控制的部位越少，样版缩放的受限条件就越少，制版的自由度也越大。量的偏差会导致型的不准确，型的相似性要求也制约量的变化。总之，在服装工业制版中，量与型是相互作用的，既有相互促进的作用也有相互制约的作用。

2. 工业制版中"量与型"的协调统一

服装工业制版时，对于服装的控制部位，必须符合量的要求。比如上衣的制图控制部位衣长、胸围、肩宽、领围和袖长等，当"量"作为工业制版的制约因素时，以"量"控制"型"是制版的主要方法，即"以量定型"。而当要求服装的版型具有相似性时，型则是服装工业制版的制约因素，如肩斜线角度、分割线位置与造型等，这时就要灵活处理量的变化，甚至要调整量的变化以适应型的要求，即"以量适型"。

知识点四
板房介绍

一、板房在服装工业生产中的重要性

从服装企业的组织机构中可以看到，板房是服装工业生产过程中一个不可缺少的部门。在产、销一体的服装品牌运作型企业中，板房与设计部门是密切的"合作伙伴"，共同参与产品开发。有些中小型企业把设计部与板房合二为一。在服装企业运营中，新产品开发过程中的样版制作及成本核算所需的资料都由板房完成。在生产样版确认之后，打版师需进行推版工作，并制作出整套工业纸样，以供大货生产使用。

在外贸加工型企业，一般不设设计部门，板房与跟单部（业务部）是密切的"合作伙伴"。有些中小型加工企业，不设跟单部，跟单员编归板房。跟单员收到制版通知单后，先作制版计划，然后通知板房按规定的时间制版。板房制好样品后先经企业内部审批确认，经确认合格后，由跟单员将样品寄给客户；若内部确认不合格，则需重新制作。

可见，不论在产销型品牌企业还是在外贸加工型企业，板房都是服装生产机构中的重要技术部门，它负责确认制版、样品试制、推版、工艺设计和劳动定额设定等相关生产技术资料的准备度以及为大货生产提供技术指导。

二、板房的岗位设置及职责划分

1. 板房主管

板房主管应具有丰富的生产实践经验，熟悉制版、推版技术，掌握缝制工艺技术及工艺流程，能够快速接受和应对新产品、新款式、新材料和新工艺的技术要求。板房主管的岗位职责如下：

（1）接受上级或相关部门下达的任务，并做好板房内部的任务分工。
（2）做好与相关部门的工作沟通。
（3）考核下属的工作绩效。
（4）解答和协助解决下属各岗位的工作疑难，并对下属和相关生产部门进行必要的技术指导。
（5）负责样品的审查和工业样版、工艺单、劳动定额的复核。
（6）与设计部门或跟单部门一起进行样品确认。

2. 打版师

打版师除了需对服装结构设计原理有深刻的认识之外，还需具备一定的审美能力，熟悉缝制工艺，善于把握不同面料对版型的影响，有较强的责任心。打版师的岗位职责如下：

（1）分析款式图或客户的来样，研究材料、款式造型、规格尺寸和工艺要求等，打制母版。
（2）做好样版审核工作，样版上文字标注齐全后，交样版管理员登记。
（3）跟进样品的试制与确认情况。
（4）根据样品确认的反馈信息进一步校正纸样，并制作配套的大货生产工艺样版。
（5）服从主管安排，完成主管交办的临时性工作。

3. 推版师

推版师应对服装结构设计原理和推版原理有深刻的认识，熟悉服装规格系列、规格档差和缝制工艺，工作细心，责任心强。在传统的服装生产中，制版与推版工作都由打版师手工完成。随着服装 CAD 的产生与应用，有些企业把制版与推版工作分开，由工人打版，用服装 CAD 进行推版与排料。此时，推版师的岗位职责如下：

（1）领取母版纸样。
（2）根据生产制造单分析款式图特点和规格尺寸，定出规格档差。
（3）利用数字化仪将母版纸样输入电脑。
（4）根据样品确认的反馈信息进一步校正纸样，并制作配套的大货生产工艺样版。
（5）服从主管安排，完成主管交办的临时性工作。

4. 工艺员

工艺员应有丰富的缝制和服装工业化流水生产安排的实践经验，熟悉服装工艺要求和质量标准，了解制衣设备，懂得工序分析和工时测试方法。板房工艺员的岗位职责如下：

（1）参与样品试制，观察缝制方法，测定工时。
（2）根据确认样品和制造通知单认真进行工序分析，编制生产工序流程图，设定各工序的加工单价。

（3）了解缝制车间的执行情况，对工序划分与工时定额的合理性进行分析和总结，并及时反馈给上级主管。

（4）做好技术文件的分派、归档和保密工作。

5. 样衣工

样衣工应具备娴熟的缝制技巧，善于分析来样的工艺技术要求、设备要求和加工方法，责任心强，工艺质量好。车工的岗位职责如下：

（1）认真分析工艺单和客供样品的要求，了解产品特点。

（2）审核清点各部件材料，不符合工艺单要求不准制作。

（3）精工细做，保质、保量、保时，达到预期的工艺质量和设计效果。

（4）配合工艺员做好工时测定工作。

（5）及时反馈制作中所遇问题，包括材料的利用是否正确、纸样是否存在缺陷等。

（6）服从主管安排，完成主管交办的临时性工作。

6. 杂工

杂工对服装生产应有较为全面的基本认识，责任心强，有较好的协作精神。板房杂工的岗位职责如下：

（1）负责样版的保管，做好存取记录。

（2）持工艺单到仓库领取各种生产所需材料。

（3）裁剪面、辅料供缝纫技工缝制等。

任务分析

图 2-1 中的男西裤外形为锥形。装腰，腰条上装 6～7 个裤袢。前裆缝上端装门里襟，钉扣或装拉链。前片腰口设 1 个褶裥、1 个腰省，后片腰口设 1～2 个腰省。侧缝上端设斜插袋，后片臀部左右各一个嵌袋。根据男西裤的款式图，确定男西裤的系列规格，进行男西裤的工业推版。

图 2-1 男西裤款式

任务实施

一、号型规格

1. 号型规格设计

选取男子中间体 170/74A，确定中心号型的数值，然后按照各自不同的规格系列计算出相关部位的尺寸，通过推档而形成全部的系列样版。查服装号型表可知：170/74A 对应臀围为 93.2cm。

（1）裤长规格的设计

裤长＝（6/10）号＋1～3cm，本款男西裤长 L＝（6/10）×170cm＋1cm＝103cm。

（2）腰围规格的设计

腰围＝型＋2～4cm，本款男西裤腰围 W＝74cm＋2cm＝76cm。

（3）臀围规格的设计

臀围＝型＋20～26cm，本款男西裤臀围 H＝93.2cm＋10.8cm＝104cm。

2. 系列规格表（见表2-14）

表2-14　男西裤系列号型（5·4系列）　　　　　　单位：cm

部位	号型					档差
	160/66A	165/70A	170/74A	175/78A	180/82A	
裤长 L	97	100	103	106	109	3
腰围 W	68	72	76	80	84	4
臀围 H	96	100	104	108	112	4
脚口 SB	21	21.5	22	22.5	23	0.5
直档 F	28.4	29.2	30	30.8	31.6	0.8
腰宽 WB	4	4	4	4	4	0

二、母版设计

1. 结构设计参考公式（见表2-15）

表2-15　男西裤计算公式　　　　　　单位：cm

部位	公式	数据	部位	公式	数据
前裤长	L−腰宽	99	后裤长	L−腰宽	99
前直档	直档−腰宽 或 H/4	26	后直档	直档−腰宽＋1 或 H/4＋1	27
前臀宽	H/4−1	25	后臀宽	H/4＋1	27
前小档宽	H/20−1	4.2	后大档宽	H/10	10.4
前腰宽	W/4−1＋5（省）	23	后腰宽	W/4＋1＋4（省）	24
前脚口	脚口−2	20	后脚口	脚口＋2	24

2. 结构制图（见图2-2）

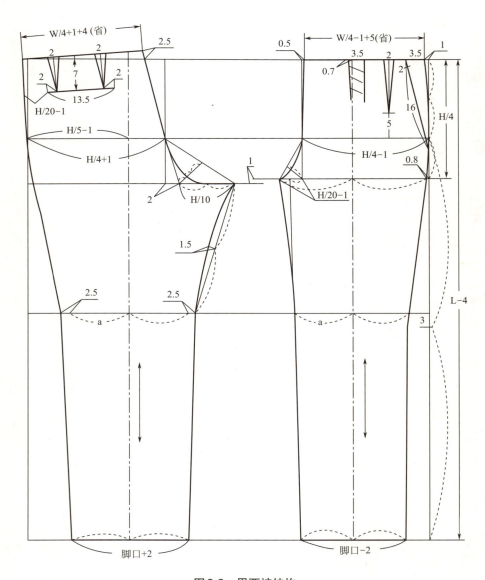

图2-2　男西裤结构

三、调版

前后裤片绘制完成后，要进行调版。首先要仔细核对各部位尺寸，其次要校验各个部位结构造型，比如后腰口线与后裆缝线相交处是否垂直，前后侧缝线是否圆顺等。

四、样版放缝及标注

复核完母版后，接着制作裁剪样版。根据男西裤缝制工艺要求加放缝份和贴边。男西裤各个部位的放缝量见图2-3。

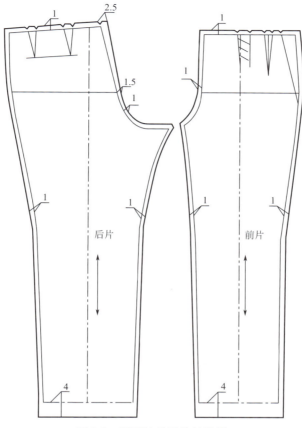

图 2-3 男西裤前后片放缝量

五、附件设计

男西裤附件包括腰条、门里襟、袋布和垫口等，见图 2-4～图 2-10。

图 2-4 男西裤腰条裁剪样版

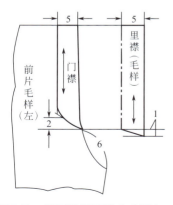

图 2-5 男西裤门里襟（毛版）

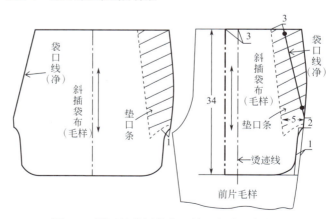

图 2-6 男西裤前侧袋布、垫口条（毛版）

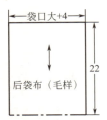
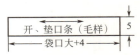

图 2-7　男西裤后袋布（毛版）　　　图 2-8　男西裤后袋开、垫口条（毛版）

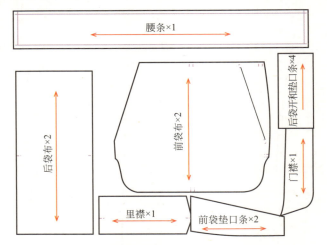

图 2-9　男西裤附件工业样版（毛版）

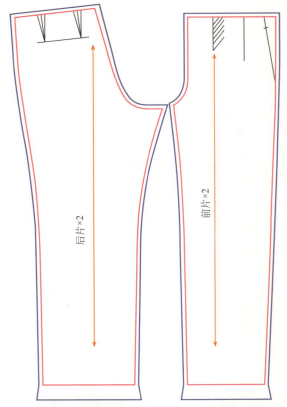

图 2-10　男西裤前后裤片工业样版（毛版）

六、推版

男西裤前后裤片分别以立档线为 X 轴，以烫迹线为 Y 轴进行推版，附件根据与裤片相关部位的结构关系进行推版。男西裤主要控制部位的档差见表2-16。

表2-16 男西裤主要控制部位档差及代号（5·4系列） 单位：cm

部位	档差	代号
裤长L	3	L_0
腰围W	4	W_0
直档F	0.8	F_0
臀围H	4	H_0
脚口SB	0.5	SB_0

注：绘制母版时直档的计算方法为H/4，推档时直档的档差 F_0 人为设计为0.8cm，使系列化样版的直档更加符合人体穿着的舒适性。

1. 男西裤前片推版（见表2-17、图2-11）

表2-17 男西裤前片推档部位计算 单位：cm

关键点	男西裤前片规格档差和部位档差计算公式	
	X 轴档距及方向	Y 轴档距及方向
A	$X_A = X_B = 0.4$，反向	$Y_A = F_0 = 0.8$，正向
B	$X_B = H_0/4 - X_J = 0.4$，反向	$Y_B = F_0/3 = 0.27$，正向
C	$X_C = (H_0/4 + H_0/20)/2$ 反向	$Y_C = 0$
D	$X_D = (X_C + X_E)/2 = 0.43$，反向	$Y_D = L_0/2 - F_0 = 0.7$，反向
E	$X_E = SB_0/2 = 0.25$，反向	$Y_E = L_0 - F_0 = 2.2$，反向
F	$X_F = SB_0/2 = 0.25$，正向	$Y_F = L_0 - F_0 = 2.2$，正向
G	$X_G = X_D = 0.43$，正向	$Y_G = Y_D = L_0/2 - F_0 = 0.7$，反向
H	$X_H = (H_0/4 + H_0/20)/2$ 正向	$Y_H = 0$
I	$X_I = X_H = 0.6$，正向	Y_I，袋口长档差为0.3，作图控制袋口长从而确定I点的 Y 值变化规律
J	$X_J = X_H = (H_0/4 + H_0/20)/2$ 正向	$Y_J = Y_B = F_0/3 = 0.27$，正向
K	$X_K = W_0/4 - X_A = 0.6$，正向	$Y_K = Y_A = F_0 = 0.8$，正向
L	$X_L = X_K = 0.6$，正向	$Y_L = F_0 = 0.8$，正向
M	$X_M = X_L/2 = 0.3$，正向	$Y_M = Y_A = F_0 = 0.8$，正向
N	$X_N = X_M = 0.3$，正向	$Y_N = Y_M = F_0 = 0.8$，正向

注：1.表中的推档公式和数据变化方向表述是针对扩档而言的，缩档时数据变化方向与扩档时的方向相反。

2.公式重点表述关键点在推档时数据的关联性变化。

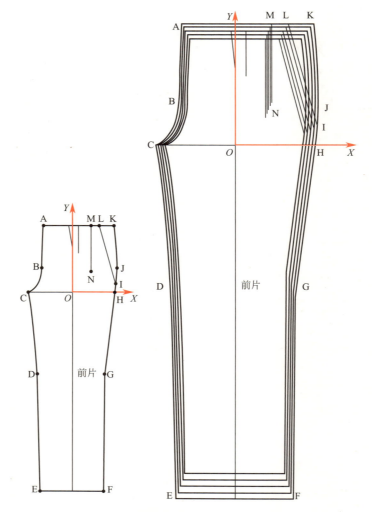

图2-11 男西裤前片推版全档图

2. 男西裤后片推版（见表2-18、图2-12）

表2-18 男西裤后片推档部位计算　　　　　　　单位：cm

关键点	男西裤后片规格档差和部位档差计算公式	
	X轴档距及方向	Y轴档距及方向
A	$X_A = W_0/4 - X_J = 0.7$，反向	$Y_A = F_0 = 0.8$，正向
B	$X_B = X_C = 0.7$，反向	$Y_B = F_0/3 = 0.27$，正向
C	$X_C = (H_0/4 + H_0/10)/2 = 0.7$，反向	$Y_C = 0$
D	$X_D = (X_C + X_E)/2 = 0.47$，反向	$Y_D = L_0/2 - F_0 = 0.7$，反向
E	$X_E = SB_0/2 = 0.25$，反向	$Y_E = L_0 - F_0 = 2.2$，反向
F	$X_F = SB_0/2 = 0.25$，正向	$Y_F = L_0 - F_0 = 2.2$，反向
G	$X_G = X_D = 0.47$，正向	$Y_G = Y_D = L_0/2 - F_0 = 0.7$，反向
H	$X_H = (H_0/4 + H_0/10)/2 = 0.7$，正向	$Y_H = 0$

续表

关键点	男西裤后片规格档差和部位档差计算公式	
	X轴档距及方向	Y轴档距及方向
I	$X_I = H_0/4 - X_B = 0.3$,正向	$Y_I = F_0/3 = 0.27$,正向
J	$X_J = X_I = 0.3$,正向	$Y_J = F_0 = 0.8$,正向
K	$X_K = X_P = 0.5$,反向	$Y_K = F_0 = 0.8$,正向
L	$X_L = X_N = 0.7$,反向	$Y_L = F_0 = 0.8$,正向
M	$X_M = X_A = 0.7$,反向	$Y_M = Y_A = F_0 = 0.8$,正向
N	$X_N = X_M = 0.7$,反向	$Y_N = Y_M = 0.8$,正向
P	$X_P = X_Q = 0.5$,反向	$Y_P = Y_M = 0.8$,正向
Q	$X_Q = X_M - 0.2 = 0.5$,袋口长档差为0.2,反向	$Y_Q = Y_P = Y_M = 0.8$,正向

注:1.表中的推档公式和数据变化方向表述是针对扩档而言的,缩档时数据变化方向与扩档时的方向相反。

2.公式重点表述关键点在推档时数据的关联性变化。

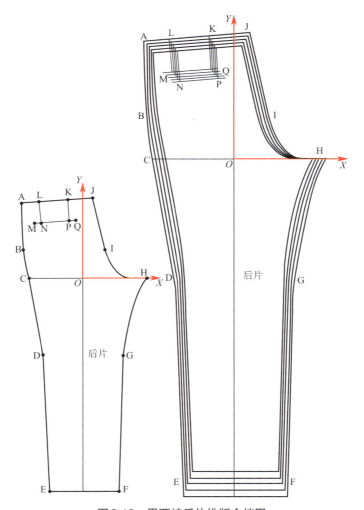

图2-12 男西裤后片推版全档图

3. 男西裤附件推版

腰条推版时只需要在一端横向延长或缩短腰围的档差值即可，见图2-13。门里襟推版时，一种方案是只需要设计门里襟的纵向长度档差值，与立裆的档差相同，而门里襟的横向宽度无档差，见图2-14；另一种方案是门里襟的长度与宽度均无档差，每个档的门里襟样版通用。前侧袋的袋布和垫口条、后袋的袋布、后袋开口条和垫口条推档时，要根据相缝合的裤片相应部位推档，推档图略。

图2-13　男西裤腰条推版全档图

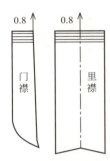

图2-14　男西裤门里襟推版全档图（纵向档差0.8）

案例链接

钢铁裁缝——艾爱国

2022年9月2日，首届大国工匠论坛开幕式上，"七一勋章"获得者、大国工匠、湖南钢铁集团湘潭钢铁有限公司焊接顾问艾爱国向与会者分享了一个故事。

1987年，国内一家钢铁企业进口了世界上最大的制氧机，如何让2万多道焊缝在-196℃深冷条件下不发生泄漏，是行业内的重大难题。

作为一名焊工，彼时的艾爱国在焊工岗位上与电光火花已相伴近两万个日日夜夜。接到重任后，艾爱国和同伴们大胆采用国际先进的双人双面同步焊技术，顺利地攻克了这一难关。

这些年，艾爱国和团队为国内企业攻克了400多项焊接技术难题，改进焊接工艺100多项，广泛应用在港珠澳大桥、中俄东线天然气管道、大兴机场、中海油深水一号等超级工程中。

艾爱国回顾成长经历时说道，之所以能在焊工岗位上有所作为，一方面是始终不改"做事情做到极致，做工人就要做到最好"的初心与信念，更重要的是时代给了他们展示技艺的舞台。

在艾爱国看来，当好工人、争做工匠，就要执着专注，始终如一；当好工人、争做工匠，就要勤于钻研，掌握技术；当好工人、争做工匠，就要勇于拼搏，舍得吃苦；当好工人、争做工匠，就要乐于奉献，德技双馨。他将在自己热爱的焊工岗位，为党和国家发挥余热，再立新功！

思考

1. 您如何理解艾爱国的初心与信念？
2. 您认为他是如何做到的？

任务拓展

根据提供的男西裤前后片的母版，自主设计档差和坐标轴，进行男西裤工业推版（扩大和缩小各一号），见图2-15。

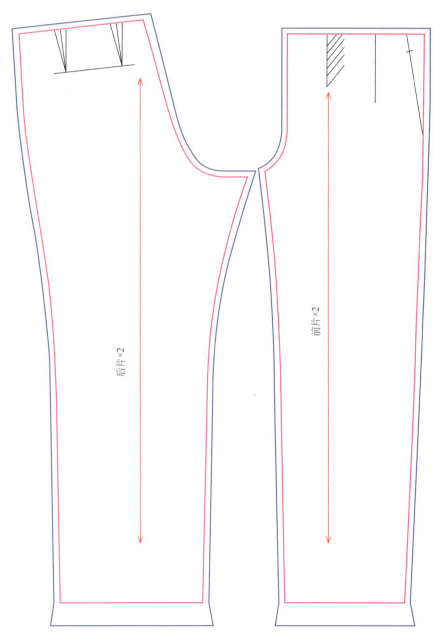

图2-15　男西裤母版

实训项目	女式直筒裤工业推版			
实训目的	1.能够看懂款式图，正确地分析款式特点。 2.能够设计制作女式直筒裤的母版。 3.能够运用所学知识，进行女式直筒裤工业推版，达到举一反三。			
项目要求	选做	必做	是否分组	每组人数
实训时间		实训学时	学分	
实训地点		实训形式		
实训内容	某服装公司技术科接到生产任务单，经过整理如图2-16、表2-19所示。请根据所提供的材料进行服装工业推版。  图2-16　女式直筒裤 表2-19　女式直筒裤成品规格表　　单位：cm 	号型 部位	150/60A XS	155/64A S	165/68A M	165/72A L	170/76A XL	档差
---	---	---	---	---	---	---
裤长L	94	97	100	103	106	3
腰围W	62	66	70	74	78	4
臀围WB	88.8	92.4	96	99.6	103.2	3.6
裤口SB	24	25	26	27	28	1				

续表

实训材料	打版纸、拷贝纸
实训步骤及要求	评分标准及分值
1.实物款式图和成品规格表的分析 要求：对款式特点、规格进行分析	对款式的分析、定位准确，不符酌情扣5～20分。 分值：20分
2.母版设计 要求：根据分析，进行结构制图和结构设计。 结构设计与实物一致合理，母版数量齐全，样版线条流畅	版型结构合理，比例正确，不符酌情扣5～30分。 样版（或裁片）数量齐全，缺一处扣1分，扣完为止。 各缝合部位对应关系合理，一处不符合扣1分，扣完为止。 各部位线条顺直、清晰、干净、规范，一处不符合扣1分，扣完为止。 分值：30分
3.毛版设计 要求：样版分割合理，缝份准确。样版文字标记和定位标记准确	各部位放缝准确，一处不符合扣1分，扣完为止。 样版文字说明清楚，用料丝缕正确，一处不符合扣1分，扣完为止。 定位标记准确、无遗漏，一处不符合扣1分，扣完为止。 分值：20分
4.推版 要求：推版公共线选取合理，关键点准确，计算准确，绘制标准	推版计算合理，一处不符合扣1分，扣完为止。 分值：30分
学生评价	
教师评价	
企业评价	

存在的主要问题：

收获与总结：

今后改进、提高的情况：

任务二

男西裤工业推版

050

第一模块　服装工业推版

存在的主要问题：

收获与总结：

今后改进、提高的情况：

任务三

男衬衫工业推版

学习目标

知识 1.了解服装工业样版的管理方法。
2.掌握服装工业制版的加放量技术。
3.掌握服装工业制版的标记技术。

技能 1.能独立绘制男衬衫的母版并进行修正。
2.能进行男衬衫的推版。
3.能够针对横向分割线服装进行推版。

素质 1.具备较高的敬业奉献精神,良好的行为规范和较高的职业素养。
2.培养学生高度的责任感和严谨精细的工作作风。
3.培养学生的团队合作意识。
4.培养学生自主学习、自主探究的能力。

任务描述

该任务主要是掌握男衬衫工业推版的过程,并以此为载体理解工业制版、工业样版和工业推版的概念。掌握男衬衫推版中公共线的选取、设置关键点等的方法,理解男衬衫推版方法并能够举一反三。本任务宏观上采用"实例驱动",在微观上采用"问题引导""启发式教学"以及用"边做边演示"的方法讲解工业纸样毛版制作技巧,同时要求学生"边看边做",使学生对男衬衫制作工业纸样从感性认识上升为理性认识,做到理论和实践相统一,并掌握分割类服装及四开身类服装工业推版技能。对知识进行归纳总结,通过本任务的完成帮助学生寻求新旧知识的联系及所学知识与相关学科的联系。

任务要求

1.学生准备好制图工具。
2.教师准备好男衬衫样版一份,用于推版演示。
3.教师引导学生共同分析款式图,包括款式分析、结构分析、工艺分析和成品规格分析。

知识点一
服装工业样版的加放量技术

服装工业样版的加放主要包括"放缝"和"缩率"两个方面。

一、放缝

放缝即缝份的加放，缝份是缝合裁片所需的必要宽度，包括多种因素，如服装款式、加放部位、缝制工艺、面料质地等。

1. 不同缝型的加放

缝型是指一定数量的衣片和线迹在缝制过程中的配置形式。缝型不同对于缝份的要求也不同，缝份大小一般为1cm，但特殊的部位需要根据实际的工艺要求来确定。

（1）分缝　也称劈缝，即将两边缝份分开烫平，加放量为1cm。

（2）明线倒缝　是在倒缝上缉单明线或双明线的缝型，此种缝型的加放量应大于明线宽度0.2～0.5cm。

（3）倒缝　也称坐倒缝，即将两边缝份向一边扣倒，加放量为1cm。

（4）包缝　也称裹缝，分"暗包明缉"或"明包暗缉"，此种缝型后片加放0.7～0.8cm，前片加放1.5～1.8cm。

（5）弯绱缝　是相缝的一边或两边为弧线的缝型，加放量为0.6～0.8cm。

（6）搭缝　是组合的两个裁片一边搭在另一边的缝型，加放量为0.8～1cm。

2. 不同折边的加放

折边根据其形态可分为规则折边和不规则折边两种。

（1）规则折边与衣片连接在一起，加放量大小由款式和工艺要求决定。

① 裤口折边　加放量一般4cm，高档产品5cm，短裤3cm。

② 上衣底摆　毛呢类4cm，一般上衣3cm，衬衣2～2.5cm，一般大衣5cm。

③ 裙摆　加放量一般3cm，高档产品稍加宽，弧度较大的裙摆折边取2cm。

④ 口袋　明贴袋大衣无盖式3.5cm，有盖式1.5cm，小袋无盖式2.5cm，有盖式1.5cm，借缝袋1.5cm。

⑤ 开衩　又称"开气"，加放量一般1.7～2cm。

⑥ 开口　装有纽扣、拉链的开口，加放量一般为1.5cm。

（2）不规则折边是指折边的形状变化较大，不能直接在衣片上进行加放。这种情况可以采用镶折边的工艺方法，按照衣片的净样形状绘制折边，再与衣片缝合在一起。这种折边的宽度以能够容纳弧线（或折线）的最大起伏量为原则，一般为3～5cm。

3. 不同裁片形状的加放

样版的放缝与裁片形状关系十分密切。理论上曲线放缝份要比直线放缝份窄一些，这是因为曲线外侧，缝份要长，折转会出现多余皱褶而影响平服；曲线内侧，缝份要短，折转会出现牵吊不平，而影响平服；缝份不宜宽，一般为0.8cm左右。注意：要配合工艺说明书的编写，应在该部位作缝制工艺的强调说明。但在实际操作过程中，一般不会考虑，只有在工艺要求中才得以体现，如一般领口缝份为0.8cm左右。

4. 不同原料质地的加放

缝份的加放同原料质地也密切相关。质地疏松、易脱纱的面料在裁剪和缝制时容易脱散，因此缝份应比一般面料多放些。工艺要求中，需要拷边的部位的缝份也要多放些，质地紧密的面料则按常规处理。

二、缩率

缩率即原料的缩水率（见表3-1）、烫缩率和缝制过程中产生的缝缩率。原料在缝纫、熨烫过程中会产生收缩现象，制作样版时要考虑这些因素，根据缩率的大小计算出各部位的加放量。一般要求是：样版的规格＝成衣规格＋缩率（面料缩率、做缩率、后处理缩率），具体缩率视原料及不同工艺要求情况而定。

（1）做缩　在实际生产过程中缝迹收缩程度。

（2）烫缩　在实际生产过程中熨烫及后整理整烫缩的程度。

（3）外观工艺处理缩率（水洗、石磨、砂洗、漂洗等）是最难把握与处理的，计算公式为 $L_1=L/(1-缩水率)$，L_1 表示样版加放后的大小，L 表示成衣或净样大小。

一般的加放尺寸为（面料为常规材料）：衣长1～1.5cm；胸围1～2cm；肩宽0.3～0.5cm；袖长0.5～1cm；脚口0.2～0.5cm。

表3-1　面料缩水率

衣料	品种		缩水率/%	
			经向	纬向
印染棉布	丝光布	平布、斜布、哔叽、贡呢	3.5～4	3～3.5
		府绸	4.5	2
		纱（线）卡其、纱（线）华达呢	5～5.5	2
	本光布	平布、纱卡其、纱斜纹、纱华达呢	6～6.5	2～2.5
	防缩水整理的各类印染布		1～2	1～2
色织布	男女线呢		8	8
	条格府绸		5	2
	被单布		9	5
	劳动布（预缩）		5	5
呢绒	精纺呢绒	纯毛或含毛量在70%以上	3.5	3
		一般织品	4	3.5
	粗纺呢绒	呢面或紧密的露纹织物	3.5～4	3.5～4
		绒面织物	4.5～5	4.5～5
	组织结构比较稀松的织物		5以上	5以上
丝绸	桑蚕丝织物		5	2
	桑蚕丝织物与其他纤维交织物		5	3
	绉线织品和绞纱织物		10	3

续表

衣料	品种	缩水率/% 经向	缩水率/% 纬向
化纤织品	黏胶纤维织物	10	8
	涤棉混纺织品	1～1.5	1
	精纺化纤织物	2～4.5	1.5～4
	化纤仿丝绸织物	2～8	2～3

知识点二

服装工业样版的标记技术

为了使企业批量生产加工的服装在造型、结构和形状上保持标准与统一，增加其在生产工艺流程、裁床裁剪、缝制工艺等环节的操作便利，在样版制作完成后，需要在样版上进行定位标记和文字标注。

一、样版的定位标记

样版上的定位标记主要有剪口和钻眼两种，起到标明宽窄、大小、位置的作用。

1. 剪口

剪口又称刀口，是在样版的边缘剪出一个三角形的缺口。其位置和数量是根据服装缝制工艺要求确定的，深宽一般为 0.5cm×0.2cm，对于一些质地比较疏松的面料剪口量可适当加大，但最大不得超过缝份的三分之二。需要打剪口的位置主要有：

（1）缝份和折边的宽窄；
（2）收省的位置和大小；
（3）开衩的位置；
（4）零部件的装配位置；
（5）贴袋、袖口、下摆等上端与下端对折边位置；
（6）缝合装配时，相互的对称与对应点，如绱袖对位点、绱领对位点；
（7）裁片对条对格位置；
（8）较长衣片分片设置定位剪口，避免衣片在缝制中因拉伸而错位；
（9）有缩缝和归拔处理的区间位置。

2. 钻眼

钻眼是位于衣片内部的标记，用来标出省尖、袋位等无法打剪口的部位，孔径一般在 0.5cm 左右。钻眼的位置一般要比标准位置缩进 0.3cm 左右，以避免缝合后露出钻眼而影响产品质量。其位置与数量是根据服装的工艺要求来确定的，需要钻眼的位置主要有：

（1）省道长度　钻眼一般比实际省长短 1cm。

（2）橄榄省的大小　钻眼一般比实际收省的大小每边各偏进 0.3cm。
（3）装袋和开袋的位置和大小　钻眼一般比实际大小偏进 0.3cm。
所有定位标记对裁剪和缝制都起一定的指导作用，因此必须按照规定的尺寸和位置打准。

二、文字标记

样版需要作为技术资料长期保存。每套样版都由许多的样片组成，特别是多规格、多尺码的样版。为了避免在使用中造成样版的混乱，需要对样版进行详细的文字标记，其内容包括以下几个方面：

（1）产品型号　是服装企业根据生产品种及生产顺序编制的序列号，一般按照年度编制，如 NDY 2015—0005，表示本产品为 2015 年第 5 批投产的女大衣。
（2）产品名称　具体的产品品种名称，如男西装、女衬衫、男大衣等。
（3）产品规格　如字母 S、M、L；数字、规格。
（4）样版种类　如面料、里料、衬料、辅料、工艺等。
（5）样版的名称或部件　在产品构成中的部位，如前衣片、后衣片、大袖片、小袖片、领子、口袋等。
（6）所用材料的经向标志，在标注时应画在样版相对居中的位置。
（7）所用裁片数量　在每一个样片上做好数量标注，如后衣片 ×1、前衣片 ×2。
（8）需要利用衣料光边或折边的应标明部位。
（9）有特殊要求的，如倒顺毛方向应按生产工艺单标注。
（10）不对称裁片，要标明左、右、上、下，以及正、反等区别性内容，避免在排料中错位。
（11）字型的选用中文字体应用正楷或仿宋体，标志带有常用外文字母或阿拉伯数字的应尽量用图章拼盖。

对标记的要求是端正、整洁、勿潦草、涂改、标志符号要准确无误，文字标注的方向要一致。

知识点三

服装工业样版的检查与管理

板房是集中存放服装样版的地方，其意义如同存放生产物资的库房。服装企业将各类服装样版集中存放于板房，样版如同图书馆或阅览室里的书籍，需要进行规范管理，使样版得到正确领取和使用，进而更好地为生产服务。

一、服装工业样版编号

给工业样版编号是工业样版管理的一种方法，是查找、领用样版的依据。编号的目的是为了在众多的样版中能够快速准确地找到所需样版，编号要有一定的规律，力求简约，一目了然，不要繁琐，否则会使编号的作用适得其反。

编号的方法可以按企业自行规定的号码顺序，如按日期、合同的先后顺序等，或按款式划分为几个大类并编成大组号，在每个组号里再按一定的顺序细编成小组号。编号的规律要科学、统一，给新的样版续编时要严格遵守。编号不仅要在样版登记本上填写，还要在样版的醒目位置标注。

二、服装工业样版的管理

服装工业样版管理是企业管理的一个重要内容，要严谨、科学、规范。样版的管理工作主要有：样版的审核管理、样版保管、样版领用管理等。

1. 服装工业样版的审核管理

样版审核是一项技术性很强的工作，要求认真细致，不得有丝毫差错。通常由企业生产技术部门、产品开发部门中有丰富经验的专业人员进行审核。审核内容如下：

（1）款式结构与各部位比例、大小、形态及位置是否与实物样品、效果图、照片或来样一致。

（2）所有衣片与零部件是否齐全，有无漏缺。

（3）所有标注是否清晰、准确，不可漏注。

（4）各档规格是否齐全，跳档应准确。

（5）规格尺寸的缩放、加工损耗、缝头加放、贴边是否准确。

（6）样版四周直线是否顺直，弧线是否圆顺。

（7）定位标记、刀口是否准确，有无漏标。

（8）各组合部位如领、袖、袋、面里衬等是否相容相符。

（9）是否考虑了材料性能及制作工艺特点等。

2. 服装工业样版的保管

样版的正确保管是保证产品质量及避免出错的重要手段之一。

样版在使用过程中应有专人负责。样版使用中不得随意乱丢放、乱压碰、以防损坏。样版使用中不得随意修剪或涂画，应保持其完整清洁。样版使用中万一发生损坏，应及时如实上报，并由有关人员负责复制，使用者不得随意复制。样版使用中任何人不得出借他人或单位，亦不可与不同号型规格的样版混放，以免差错，样版使用完后，应尽快清理如数归还。

样版保管具体方法如下：

①样版使用完毕一周内，必须退回仓库分门别类登记保管。

②样版管理，要做到账、卡、物三相符，使用时可以立等可取。

③保持样版完整性，不得随意修改、代用。

④保管时间较长的样版，再度领出使用时，对各档规格要复查，防止纸样收缩或变形。

⑤企业可以自行制定样版保管期，过期样版，内部自行销毁。

⑥样版保管仓库，要选择干燥、通风、整洁的环境。

3. 服装工业样版的领用管理

样版领用时，有关人员必须凭"生产通知单"或专用的"样版领用归还表"去板房领取。领用的样版必须是经审核验讫，盖有验章的样版。领用的样版品名、规格、号型、款式、数量必须与单或表相符无误,并做好有关登记手续。

三、服装工业样版的领用

1. 样版领用登记制度

工业生产用样版在生产中占重要地位,任何样版的短缺、损坏都会给生产带来损失。为此,样版一经复核验收合格,即予以登记。登记内容包括:
(1)产品型号、名称、销往地区、合同和订货单号。
(2)样版规格及面子样版、里子样版、衬头样版与净样版的块数。
(3)样版制作人、复核人及验收日期。
(4)样版使用记录等。

2. 样版领用程序规定

由于生产的实际需要,有关人员需要到板房领用或归还样版,为了使样版管理科学规范,样版的领用需要一定的程序。样版领用时,领用人员需出具生产任务书或专用的样版领用申请书,领用的样版必须是印有"检验"字样的样版,而且要与生产任务书或样版领用申请书上的样版的编号、名称、号型规格、数量相符,并做好登记手续。样版使用期间,应由使用部门妥善保管,不得损坏,不得遗失。样版在使用期间,如需复制或转换部门,属企业内部使用的须经技术科长同意;向外单位提供使用或复制的,须经主管厂长批准。样版用完之后,要及时归还板房,板房管理人员要认真验收,检查归还样版的相关信息是否与领用时的相符,如果归还数量或种类有变化,要及时弄清原因并做好记录,并办理归还手续。总之,样版的领用、归还是动态的过程,要严格执行各项手续章程,才能保证样版的科学管理和正常使用,保证服装生产的正常进行。

任务分析

图 3-1 的男衬衫属于普通衬衫,造型特征是:领型是由领座和领面构成的立翻领,因系领带,对其造型及裁制质量要求较高,衣领应左右两边对称平挺,领内一般衬有硬衬。领子的尺寸应符合人体的颈部特征,具有较好的舒适性和功能性。衣领扣合后,领子与人体颈部之间应有一定的活动松量。衣身为四开身结构,平下摆,直腰身造型,前片左胸有一个袋,前门襟明搭门六粒纽扣。后片装过肩。衣袖为平装一片袖,长袖,紧袖口,袖口装袖头为圆角。袖头钉

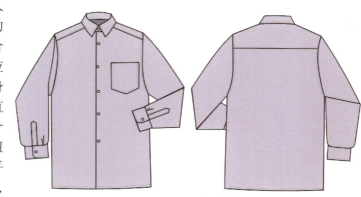

图 3-1 男衬衫款式

一粒纽扣，收二个褶裥。衣身、衣袖整体造型宽松，舒适。颜色多以白色或浅色，适合选用轻薄的棉、涤、丝绸等面料制作。

一、号型规格

1. 号型规格设计

选取男子中间体 170/88A，确定中心号型的数值，然后按照各自不同的规格系列计算出相关部位的尺寸，通过推档而形成全部的规格系列。查服装号型表可知：170/88A 对应净胸围 88cm、肩宽 43.6cm。

（1）衣长规格的设计

衣长＝号 ×40%±X。

本款男衬衫 X = 4cm，即衣长＝号 ×40% + 4cm = 72cm。

（2）胸围规格的设计

胸围＝人体净胸围 ±X。

宽松型 18～22cm，贴体型 12～17cm，本款男衬衫 X = 20cm，即胸围 = 88cm + 20cm = 108cm。

（3）肩宽规格的设计

肩宽＝人体净肩宽 ±X，或者（3/10）B + 13.6cm。

本款男衬衫 X = 2.4cm，即肩宽 = 43.6cm + 2.4cm = 46cm。

（4）袖长规格的设计

袖长＝号 ×30%±X。

本款男衬衫 X = 7cm，即袖长＝号 ×30% + 7cm = 58cm。

（5）领围规格的设计

领围＝成衣胸围 ×30%±X，或者依经验取值。

本款男衬衫 X = 6.6cm，即领围＝成衣胸围 ×30% + 6.6cm = 39cm。

2. 系列规格表（见表3-2）

表3-2 男衬衫系列号型　　　　　　　　　　　单位：cm

部位	160/80A XS	165/84A S	170/88A M	175/92A L	180/96A XL	档差
衣长L	68	70	72	74	76	2
胸围B	100	104	108	112	116	4
肩宽S	43.6	44.8	46	47.2	48.4	1.2
领围N	37	38	39	40	41	1
袖长SL	55	56.5	58	59.5	61	1.5
袖口CW	23	24	25	26	27	1

二、母版设计

1. 选取170/88A为母版规格进行结构设计,结构设计参考公式(见表3-3)

表3-3 男衬衫计算公式　　　　　　　　　　　　单位:cm

部位	公式	数据	部位	公式	数据
前领宽	N/5−0.5	7.3	后领宽	N/5−0.3	7.5
前领深	N/5+0.5	8.3	后领深	定数	2.5
前肩宽	取后肩线长	待测	后肩宽	S/2	23
袖窿深	B/5+5	26.6	后腰节	号/4	42.5
前胸宽	B/6+1.5	19.5	后背宽	B/6+2.5	20.5
袖口大	B/5+4	25.6	袖山高	B/10	10.8
胸袋大	B/20+5	10.4	胸袋深	胸袋大+1	11.4

2. 结构制图(见图3-2～图3-4)

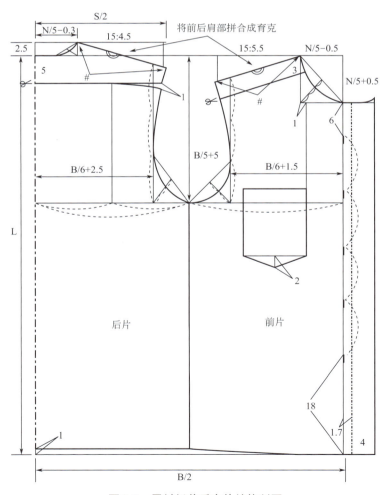

图3-2 男衬衫前后衣片结构制图

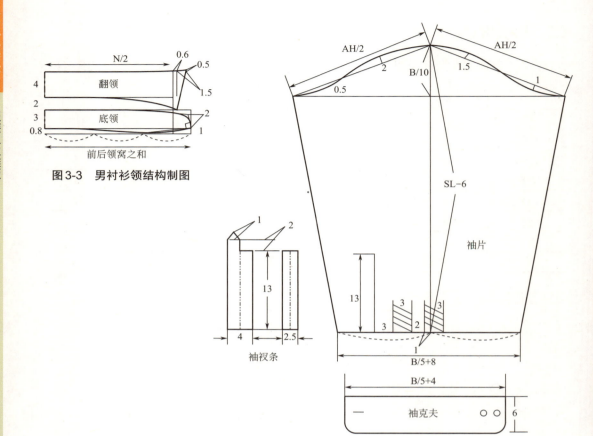

图3-3 男衬衫领结构制图

图3-4 男衬衫袖结构制图

三、调版

男衬衫版型检验首先是复核前后片及袖片长度和围度规格，其次要作翻领和底领的配套检验及规格检验，底领长和领窝弧线的配套检验，前后肩线重合时对袖窿弧线和领窝弧线的圆顺检验，袖山弧线长和袖窿弧线长度的检验，袖山吃量控制为 $0 \sim 1cm$。同时根据面料厚薄、性能及服装款式造型的要求作相应的调整。还要检验大小袖衩之间的配套和袖口的吻合关系，如图3-5、图3-6所示。

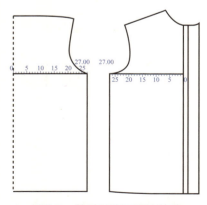

图3-5 男衬衫胸围围度检验

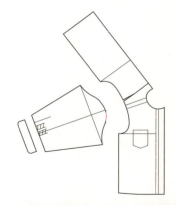

图3-6 男衬衫袖窿、袖山、领窝弧线检验

四、样版放缝及标注

复核完母版后,接下来制作工艺样版。就是根据男衬衫工艺的要求加放缝份和贴边。衣身样版的侧缝、育克分割缝、袖窿、领窝弧线等一般放缝 1cm,后片不裁断,因此后中不放缝,下摆折边宽一般为 2.5cm。育克、翻领、底领、袖片、袖克夫、袖衩条等样版各边一般均加放缝份为 1cm。口袋上口加放 2.5cm,其余各边均为 1cm。同时,对男衬衫样版进行文字标注和定位标记,如图 3-7 所示。

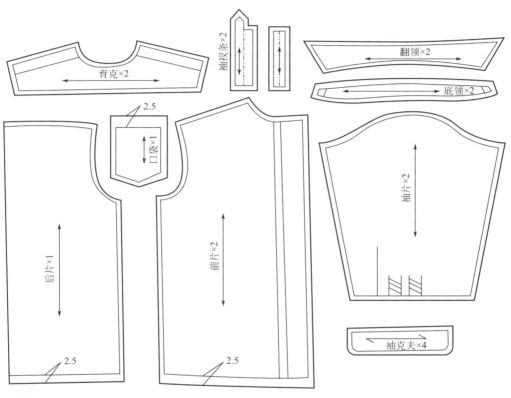

图 3-7 男衬衫放缝示意图

五、附件设计

男衬衫的附件较少,主要是过肩育克的制作和衬板的制作。包括搭门衬板、翻领衬板、底领衬板、袖克夫衬板和袖衩条衬板,如图 3-8 所示。

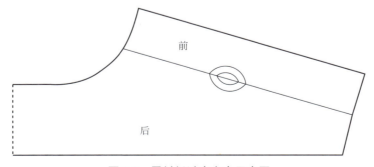

图 3-8 男衬衫过肩育克示意图

六、推版

男衬衫主要控制部位的档差见表3-4。

表3-4　男衬衫主要控制部位档差及代号（5·4系列）　　　单位：cm

部位	档差	代号
衣长 L	2	L_0
胸围 B	4	B_0
肩宽 S	1.2	S_0
领围 N	1	N_0
袖长 SL	1.5	SL_0
袖口 CW	1	CW_0

1. 男衬衫前片推版（见表3-5、图3-9、图3-10）

以胸围线为 X 轴，以前中心线为 Y 轴，确定关键点，各部位推档量和档差分配说明见表3-5。

表3-5　男衬衫前片推档部位计算　　　单位：cm

| 部位 | 关键点 | 规格档差和部位档差计算公式 ||
		X 轴档距和方向（M→L）	Y 轴档距和方向（M→L）
男衬衫前片	A	$X_A = S_0/2 = 0.6$；反向	$Y_A = B_0/5 = 0.8$；正向
	B	$X_B = N_0/5 = 0.2$；反向	$Y_B = B_0/5 = 0.8$；正向
	C1	$X_{C1} = 0$	$Y_{C1} = B_0/5 - N_0/5 = 0.6$；正向
	C2	$X_{C2} = 0$	$Y_{C2} = B_0/5 - N_0/5 = 0.6$；正向
	C3	$X_{C3} = 0$	$Y_{C3} = B_0/5 - N_0/5 = 0.6$；正向
	D	$X_D = B_0/6 = 0.67$；反向	$Y_D = (B_0/5) \times (1/3) = 0.27$；正向
	E	$X_E = B_0/4 = 1$；反向	$Y_E = 0$
	F	$X_F = B_0/4 = 1$；反向	$Y_F = L_0 - B_0/5 = 1.2$；反向
	G1	$X_{G1} = 0$	$Y_{G1} = L_0 - B_0/5 = 1.2$；反向
	G2	$X_{G2} = 0$	$Y_{G2} = L_0 - B_0/5 = 1.2$；反向
	G3	$X_{G3} = 0$	$Y_{G3} = L_0 - B_0/5 = 1.2$；反向

注：表中正向为扩大号型时的方向，若缩小号型，则方向相反。

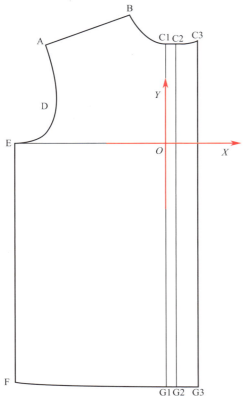

图3-9 男衬衫前片关键点及坐标轴设置　　图3-10 男衬衫前片推版全档图

2.男衬衫后片推版（见表3-6、图3-11、图3-12）

以胸围线为 X 轴，以后中心线为 Y 轴，确定关键点，各部位推档量和档差分配说明见表3-6。

表3-6 男衬衫后片推档部位计算　　　　　　　　　　单位：cm

部位	关键点	规格档差和部位档差计算公式	
		X轴档距和方向（M→L）	Y轴档距和方向（M→L）
男衬衫后片	A	$X_A = 0$	$Y_A = B_0/5 = 0.8$；正向
	B	$X_B = S_0/2 = 0.6$；正向	$Y_B = B_0/5 = 0.8$；正向
	C	$X_C = B_0/6 = 0.67$；正向	$Y_C =（B_0/5）×（1/3）= 0.27$；正向
	D	$X_D = B_0/4 = 1$；正向	$Y_D = 0$
	E	$X_E = 0$	$Y_E = L_0 - B_0/5 = 1.2$；反向
	F	$X_F = B_0/4 = 1$；正向	$Y_F = L_0 - B_0/5 = 1.2$；反向

注：表中正向为扩大号型时的方向，若缩小号型，则方向相反。

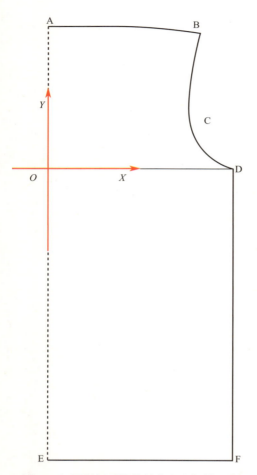
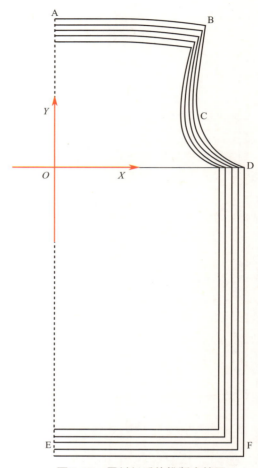

图3-11 男衬衫后片关键点及坐标轴设置　　　　图3-12 男衬衫后片推版全档图

3. 男衬衫过肩推版（见表3-7、图3-13、图3-14）

以过肩分割线为 X 轴，以后中心线为 Y 轴，确定关键点，各部位推档量和档差分配说明见表3-7。

表3-7　男衬衫过肩推档部位计算　　　　　　　　　　　　单位：cm

部位	关键点	规格档差和部位档差计算公式	
		X 轴档距和方向（M→L）	Y 轴档距和方向（M→L）
男衬衫过肩	A	$X_A = 0$	$Y_A = 0$
	B	$X_B = N_0/5 = 0.2$；正向	$Y_B = 0$
	C	$X_C = S_0/2 = 0.6$；正向	$Y_C = 0$
	D	$X_D = S_0/2 = 0.6$；正向	$Y_D = 0$

注：表中正向为扩大号型时的方向，若缩小号型，则方向相反。

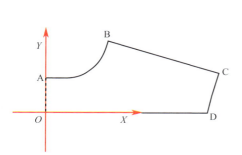

图3-13 男衬衫过肩关键点及坐标轴设置

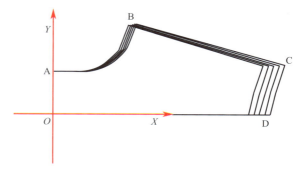

图3-14 男衬衫过肩推版全档图

4. 男衬衫袖片推版（见表3-8、图3-15、图3-16）

以袖肥线为 X 轴，以袖中心线为 Y 轴，确定关键点，各部位推档量和档差分配说明见表3-8。

表3-8 男衬衫袖片推档部位计算　　　　　　　　　　单位：cm

部位	关键点	规格档差和部位档差计算公式	
		X轴数值和方向（M→L）	Y轴数值和方向（M→L）
男衬衫袖片	A	$X_A = 0$	$Y_A = B_0/10 = 0.4$；正向
	B	$X_B = 26 \times B_0/108 = 0.96$；反向（注：26为1/2BC长度）	$Y_B = 0$
	C	$X_C = 26 \times B_0/108 = 0.96$；正向	$Y_C = 0$
	D	$X_D = CW_0/2 = 0.5$；反向	$Y_D = SL_0 - (B_0/10) = 1.1$；反向
	E	$X_E = CW_0/2 = 0.5$；正向	$Y_E = SL_0 - (B_0/10) = 1.1$；反向
	F	$X_F = 0$	$Y_F = SL_0 - (B_0/10) = 1.1$；反向
	F1	$X_{F1} = 0$	$Y_{F1} = SL_0 - (B_0/10) = 1.1$；反向
	G	$X_G = 0$	$Y_G = SL_0 - (B_0/10) = 1.1$；反向
	G1	$X_{G1} = 0$	$Y_{G1} = SL_0 - (B_0/10) = 1.1$；反向
	H	$X_H = 0$	$Y_H = SL_0 - (B_0/10) = 1.1$；反向
	H1	$X_{H1} = 0$	$Y_{H1} = SL_0 - (B_0/10) = 1.1$；反向
	I	$X_I = 0$	$Y_I = SL_0 - (B_0/10) = 1.1$；反向
	I1	$X_{I1} = 0$	$Y_{I1} = SL_0 - (B_0/10) = 1.1$；反向
	J	$X_J = 0$	$Y_J = SL_0 - (B_0/10) = 1.1$；反向
	J1	$X_{J1} = 0$	$Y_{J1} = SL_0 - (B_0/10) = 1.1$；反向

注：表中正向为扩大号型时的方向，若缩小号型，则方向相反。

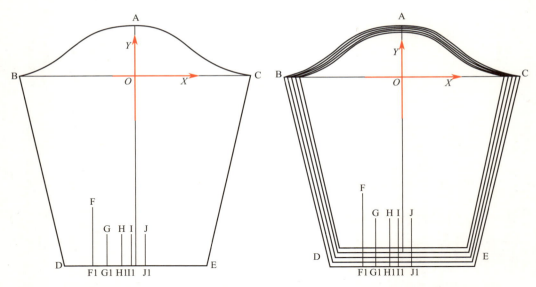

| 图3-15 男衬衫袖片关键点及坐标轴设置 | 图3-16 男衬衫袖片推版全档图 |

5. 男衬衫零部件推版（见图3-17~图3-19）

（1）袖克夫　宽度不变，长度按每档"$CW_0 = 1cm$"进行推档。

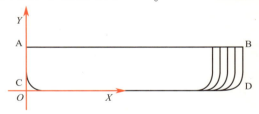

图3-17　男衬衫袖克夫推版全档图

（2）底领、翻领　宽度不变，长度按每档"$N_0/2 = 0.5cm$"进行推档。

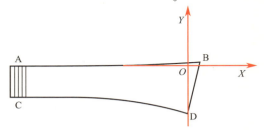

图3-18　男衬衫翻领推版全档图

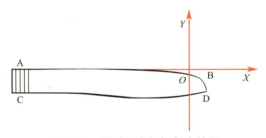

图3-19　男衬衫底领推版全档图

案例链接　汉服文化传承

在河北省永清县的一间汉服工作室，河北省级非遗项目汉族传统服装服饰制作技艺传承人赵波一边拿皮尺测量尺寸，一边在牛皮纸上打版，几分钟时间，一件汉服的纸样就制作完成。

走进汉服工作室，只有一张条案、一条皮尺、一把剪刀……正是在这间极简的工作室内，赵波成功复制了汉代素纱禅衣、唐代半臂、宋代合领衫、元代合领袍等百余件精美汉服。

20年前，年仅15岁的赵波便跟随父亲的脚步，开始收集汉服。16岁那年，在天津，赵波第一次独自收集到一件清代宫廷服饰。上大学后，他更是痴迷于汉服文化，一有空就去附近古镇收集汉服。多年来，他不仅走访全国200多个古村古镇收集汉服2000余件（套），还将部分汉服一一还原再现。

赵波表示，要让古老的汉服制作技艺"活"起来，也要守住其"精髓"。如今，许多制作汉服时需要的麻、棉、皮、竹等面料因制作工艺复杂，早已无法在市场上购买到，这些珍贵面料只能向国家级非遗传承人订织。

"交领右衽、上衣下裳、十字剪裁法都是我国汉服文化的集中表现形式，汉服文化是老祖宗留给我们的宝贵遗产。"赵波表示，最好的传承便是让汉服走到人们的身边，走进人们的生活。

近年来，为传承保护汉服文化，他积极推广传统汉服和新中装，带领团队多次在国内外的文博会、展会、比赛中获奖。"弘扬汉服文化是华夏子女不可推卸的职责。"赵波说，"汉服的复兴之路还很长，这条路充满艰辛，但我会永远保持匠人的初心，并不断创新。努力让汉服走入寻常百姓家，让更多人了解汉服、爱上汉服。"

思考

1. 您对汉服有何认识？
2. 汉服文化的传承需要如何去做？

根据提供男衬衫的母版，自主设计档差和坐标轴，进行男衬衫工业推版（扩大和缩小各一号）图3-20、图3-21。

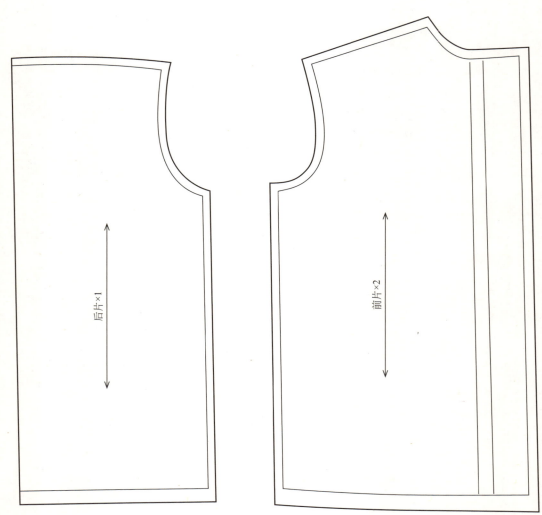

图3-20　男衬衫母版1

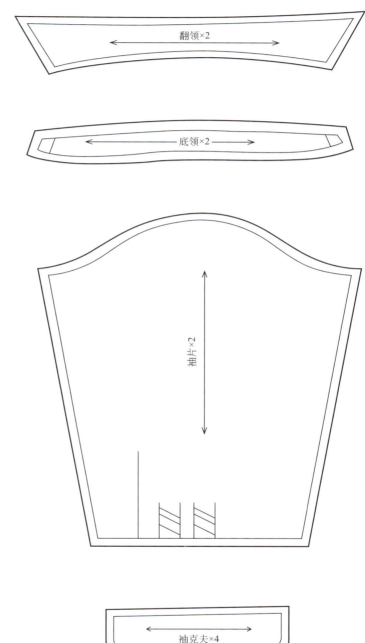

图3-21　男衬衫母版2

岗位实训

实训项目	礼服衬衫工业推版				
实训目的	1.能够看懂款式图，正确地分析款式特点。 2.能够设计制作礼服衬衫的母版。 3.能够运用所学知识，进行礼服衬衫工业推版，达到举一反三				
项目要求	选做		必做	是否分组	每组人数
实训时间			实训学时		学分
实训地点			实训形式		
实训内容	某服装公司技术科接到生产任务单，经过整理如图3-22、表3-9所示，请根据提供材料进行服装工业推版。 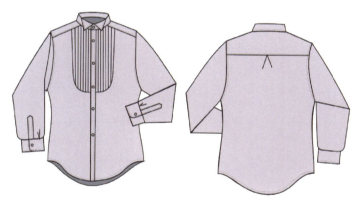 图3-22 礼服衬衫 表3-9 礼服衬衫成品规格表　　　　　　　　　　单位：cm				

部位	号型					档差
	160/80A XS	165/84A S	170/88A M	175/92A L	180/96A XL	
衣长L	66	69	72	75	78	3
胸围B	96	100	104	108	112	4
肩宽S	43.6	44.8	46	47.2	48.4	1.2
领围N	37	38	39	40	41	1
袖长SL	55	56.5	58	59.5	61	1.5
袖口CW	23	24	25	26	27	1

续表

实训材料	打版纸、拷贝纸
实训步骤及要求	评分标准及分值
1.实物款式图和成品规格表的分析 要求：对款式特点、规格进行分析	对款式的分析、定位准确，不符酌情扣5～20分。分值：20分
2.母版设计 要求：根据分析，进行结构制图和结构设计。 结构设计与实物一致合理，母版数量齐全，样版线条流畅	版型结构合理，比例正确，不符酌情扣5～30分。 样版（或裁片）数量齐全，缺一处扣1分，扣完为止。 各缝合部位对应关系合理，一处不符合扣1分，扣完为止。 各部位线条顺直、清晰、干净、规范，不符处酌情扣1分，扣完为止。 分值：30分
3.毛板设计 要求：样版分割合理，缝份准确。样版文字标记和定位标记准确	各部位放缝准确，一处不符合扣1分，扣完为止。 样版文字说明清楚，用料丝缕正确，一处不符合扣1分，扣完为止。 定位标记准确、无遗漏，一处不符合扣1分，扣完为止。 分值：20分
4.推版 要求：推版公共线选取合理，关键点准确，计算准确，绘制标准	推版计算合理，一处不符合扣1分，扣完为止。 分值：30分
学生评价	
教师评价	
企业评价	

存在的主要问题：	收获与总结：

今后改进、提高的情况：

第一模块 服装工业推版

存在的主要问题：

收获与总结：

今后改进、提高的情况：

任务四

女时装工业推版

学习目标

知识
1. 了解服装标准。
2. 熟悉服装号型的基础知识。
3. 掌握成衣规格设计的步骤和方法。

技能
1. 能独立绘制女时装的母版。
2. 能进行女时装的推版。
3. 能够针对具有分割线的服装进行推版。

素质
1. 培养学生精于技艺的习惯。
2. 培养学生具备高度的责任感和严谨精细的工作作风。
3. 培养学生的团队合作意识。
4. 培养学生自主学习、自主探究的能力。

任务描述

该任务主要是掌握女时装工业推版的过程，并以此为载体了解我国服装号型标准、掌握服装号型系列设计及服装成衣规格设计。学习女上装八片衣身结构的推版方法及分割线推版的处理，掌握领、袖、衣身推版的协调性。理解女装推版方法并能够举一反三。本任务宏观上采用"实例驱动"，在微观上采用"问题引导""启发式教学"以及用"边做边演示"的方法讲解工业纸样毛版制作技巧，同时要求学生"边看边做"，使学生对女时装制作工业纸样从感性认识上升为理性认识，掌握女时装工业推版技能。对知识进行归纳总结，通过本任务的完成帮助学生寻求新旧知识的联系及所学知识与相关学科的联系。

任务要求

1. 学生准备好制图工具。
2. 教师准备好女时装样版一份，用于推版演示。
3. 教师引导学生共同分析款式图，包括款式分析、结构分析、工艺分析和成品规格分析。

知识点一
服装标准

服装生产必须严格执行标准化管理，因为标准化是生产技术管理的基本手段，是企业发展、技术进步和提高产品质量的重要依据，对企业改善和增强整体素质、实现科学管理、促进技术进步、保护安全健康和环境卫生、保护消费者利益、消除贸易壁垒、提高企业竞争能力等意义重大，是企业行政命令或其他管理手段所不能替代的。

一、标准与标准化

标准就是为保证生产的产品能达到预期的效果，在总结经验的基础上，由一定的权威部门对技术和科学实践中反复出现的共同技术语言和技术事项以及产品的类别、质量、规格、制作工艺等作出统一规定，并通过公认的管理机构批准，以特定形式发布，作为共同遵守的准则和依据。它是工业部门、科研部门、检测部门、贸易部门共同遵守的技术依据。

标准化就是以制定行业企业标准和贯彻标准为主要内容和全部活动过程，其中也包括采取各项技术措施以及标准执行的总结和修订工作。

服装标准是服装职能部门根据服装产品的生产工艺流程和质量要求，对服装产品在每个生产环节做出的明确的要求与规定，以确保服装产品能够达到预期的效果。

二、标准的分类

国际上按照标准的适用范围将标准分为三级，即国际标准、区域标准、国家标准。除此之外，常用的还有专业标准、地方标准和企业标准等。

我国按照标准的作用范围，把标准分为四级，即国家标准、专业标准、地方标准和企业标准。根据法律属性又可分为强制性国家标准和推荐性国家标准。

标准体系中按标准使用范围和审批权限划分，在国际范围内通用的有国际标准、区域标准。在国内范围使用的有国家标准、行业标准、地方标准和企业标准。

（1）国际标准　由国际标准化组织（ISO）采用的标准或国际标准化团体采用的规范。

（2）区域标准　某一区域标准团体采用的标准或规范。

（3）国家标准　根据国内的需求，由国家标准化主管机构批准、发布的标准。

（4）行业标准　根据某专业领域的需要由行业主管机构对没有国家标准而又需要在全国某个行业范围内统一的技术要求，可以制定行业标准。

（5）地方标准　对没有国家标准和行业标准而又需要在省、自治区、直辖市范围内统一的标准。

（6）企业标准　是对企业范围内需要协调、统一的技术要求、管理要求和工作要求所制定的标准。企业生产的产品没有国家标准、行业标准以及地方标准的，应当制定企业标准，作为组织生产的依据。

知识点二
服装号型

一、服装号型的基础知识

从1974年开始,我国首次以制定服装号型为目的,对全国21个省、市、自治区的不同地区、阶层、年龄、性别近40万人口进行了体型测量,在具备了充分调查数据的基础上,根据正常人体的体型特征和使用需要,选出最有代表性的部位,经过合理归并而制定出GB 1335—1981《服装号型》。随着社会的进步,人民的生活水平的提高,我国人口的社会结构、年龄结构在不断变化,消费者的平均身高、体重、体态都与过去有了很大区别,服装号型标准经过几次修订和完善,新标准GB/T 1335.1—2008《服装号型 男子》和GB/T1335.2—2008《服装号型 女子》于2009年8月1日起实施。GB/T 1335.3—2009《服装号型 儿童》于2010年1月1日起实施。

1. 号型定义

服装的号与型是服装规格长短与肥瘦的标志,是根据正常人体型规律和使用需要选用的最有代表性的部位经过合理归并设置的。

号指人体身高,以厘米为单位,是设计服装长短的依据;型指人体的胸围或腰围,以厘米为单位,是设计服装肥瘦的依据。

2. 体型分类

国家标准以人体胸围与腰围差(简称胸腰差)的大小为依据把人体划分成Y、A、B、C四种体型。例如,某男子的胸腰差在22～17cm之间,那么该男子属于Y体型。又如,某女子的胸腰差在8～4cm之间,那么该女子的体型就是C型,具体可参看表4-1。

表4-1 体型分类　　　　　　　　　　　　　　　　　单位:cm

体型分类代号	胸腰差	
	男性	女性
Y	22～17	24～19
A	16～12	18～14
B	11～7	13～9
C	6～2	8～4

表中设定了体型分类,胸腰差量从大到小的顺序依次为Y、A、B、C体型,其中Y型属于瘦体型,腰围较小;A型为正常体;B型属于较胖体型,而C型则属于胖体型,腰围较粗。

服装号型中,号有±2cm的适用范围,型有±1～2cm的适用范围。

3. 号型标注

(1)号型标注方法:号与型之间用斜线分开,后接体型分类代号,例如170/88A。

（2）服装商品套装中，上、下装必须分别标注，上装型指的是胸围，下装型指的是腰围。例如：上衣160/84A，下装160/68A。

4. 号型系列

把服装的号和型进行有规律的分档排列，称为号型系列。在标准中规定身高以5cm分档，胸围以4cm分档和3cm分档；腰围以4cm、3cm、2cm分档，组成5·4、5·3、5·2系列。上装采用5·4和5·3系列，下装采用5·2系列，其中5表示身高每档之间的差数是5cm，4表示胸围每档之间的差数是4cm；2表示腰围每档之间的差数是2cm。

5. 号型应用

服装上号的标注数值，表示该服装适用于身高与此号相接近的人。例如：160号适用于身高158～162cm的人；170号适用于身高168～172cm的人。服装上型的标注值，表示该服装适用于胸围与此号相接近的人。例如：上装84型，适用于胸围在82～85cm的人，下装68型适用于腰围67～69cm的人。

服装上的"体型分类代码"，表示该服装适用于胸围或腰围与此型相接近及胸围与腰围之差数在此范围之内的人。例如：男上装88A表示该服装适用于胸围与腰围之差在16～12cm之间的人，女下装68A表示该服装适用于胸围与腰围之差在18～14cm之间的人。

二、服装主要控制部位数值表

控制部位数值是指对服装造型影响较大的人体几个主要部位的净体尺寸数值，是服装规格的依据。如上装类的衣长、胸围、肩宽、袖长、颈围，下装类的裤长、腰围、臀围等，这些控制部位的数值加上不同放松量就是服装规格。

主要控制部位尺寸见表4-2～表4-9。

表4-2　男子5·4/5·2Y号型系列主要控制部位数值　　　　单位：cm

部位	Y 数值							
身高	155	160	165	170	175	180	185	190
颈椎点高	133.0	137.0	141.0	145.0	149.0	153.0	157.0	161.0
坐姿颈椎点高	60.5	62.5	64.5	66.5	68.5	70.5	72.5	74.5
全臂长	51.0	52.5	54.0	55.5	57.0	58.5	60.0	61.5
腰围高	94.0	97.0	100.0	103.0	106.0	109.0	112.0	115.0
胸围	76	80	84	88	92	96	100	104
颈围	33.4	34.4	35.4	36.4	37.4	38.4	39.4	40.4
总肩宽	40.4	41.6	42.8	44.0	45.2	46.4	47.6	48.8
腰围	56　58	60　62	64　66	68　70	72　74	76　78	80　82	84　86
臀围	78.8　80.4	82.0　83.6	85.2　86.8	88.4　90.0	91.6　93.2	94.8　96.4	98.0　99.6	101.2　102.8

表4-3　男子5·4/5·2A号型系列主要控制部位数值　　　　单位：cm

	A							
部位	数值							
身高	155	160	165	170	175	180	185	190
颈椎点高	133.0	137.0	141.0	145.0	149.0	153.0	157.0	161.0
坐姿颈椎点高	60.5	62.5	64.5	66.5	68.5	70.5	72.5	74.5
全臂长	51.0	52.5	54.0	55.5	57.0	58.5	60.0	61.5
腰围高	93.5	96.5	99.5	102.5	105.5	108.5	111.5	114.5
胸围	72	76	80	84	88	92	96	100	104
颈围	32.8	33.8	34.8	35.8	36.8	37.8	38.8	39.8	40.8
总肩宽	38.8	40.0	41.2	42.4	43.6	44.8	46.0	47.2	48.4
腰围	56	58	60	60	62	64	64	66	68	68	70	72	72	74	76	76	78	80	80	82	84	84	86	88	88	90	92
臀围	75.6	77.2	78.8	78.8	80.4	82.0	82.0	83.6	85.2	85.2	86.8	88.4	88.4	90.0	91.6	91.6	93.2	94.8	94.8	96.4	98.0	98.0	99.6	101.2	101.2	102.8	114.4

表4-4　男子5·4/5·2B号型系列主要控制部位数值　　　　单位：cm

	B							
部位	数值							
身高	155	160	165	170	175	180	185	190
颈椎点高	133.5	137.5	141.5	145.5	149.5	153.5	157.5	161.5
坐姿颈椎点高	61	63	65	67	69	71	73	75
全臂长	51.0	52.5	54.0	55.5	57.0	58.5	60.0	61.5
腰围高	93.0	96.0	99.0	102.0	105.0	108.0	111.0	114.0
胸围	72	76	80	84	88	92	96	100	104	108	112
颈围	33.2	34.2	35.2	36.2	37.2	38.2	39.2	40.2	41.2	42.2	43.2
总肩宽	38.4	39.6	40.8	42.0	43.2	44.4	45.6	46.8	48	49.2	50.4
腰围	62	64	66	68	70	72	74	76	78	80	82	84	86	88	90	92	94	96	98	100	102	104
臀围	79.6	81.0	82.4	83.8	85.2	86.6	88.0	89.4	90.8	92.2	93.6	95	96.4	97.8	99.2	100.6	102.0	103.4	104.8	106.2	107.6	109.0

表 4-5　男子 5·4/5·2C 号型系列主要控制部位数值　　　　单位：cm

C								
部位	数值							
身高	155	160	165	170	175	180	185	190
颈椎点高	134.0	138.0	142.0	146.0	150.0	154.0	158.0	162.0
坐姿颈椎点高	61.5	63.5	65.5	67.5	69.5	71.5	73.5	75.5
全臂长	51.0	52.5	54.0	55.5	57.0	58.5	60.0	61.5
腰围高	93.0	96.0	99.0	102.0	105.0	108.0	111.0	114.0

胸围	76	80	84	88	92	96	100	104	108	112	116
颈围	34.6	35.6	36.6	37.6	38.6	39.6	40.6	41.6	42.6	43.6	44.6
总肩宽	39.2	40.4	41.6	42.8	44.0	45.2	46.4	47.6	48.8	50.0	51.2

腰围	70	72	74	76	78	80	82	84	86	88	90	92	94	96	98	100	102	104	106	108	110	112
臀围	81.6	83.0	84.4	85.8	87.2	88.6	90.0	91.4	92.8	94.2	95.6	97.0	98.4	99.8	101.2	102.6	104.0	105.4	106.8	108.2	109.6	111

表 4-6　女子 5·4/5·2Y 号型系列主要控制部位数值　　　　单位：cm

Y							
部位	数值						
身高	145	150	155	160	165	170	175	180
颈椎点高	124.0	128.0	132.0	136.0	140.0	144.0	148.0	152.0
坐姿颈椎点高	56.5	58.5	60.5	62.5	64.5	66.5	68.5	70.5
全臂长	46.0	47.5	49.0	50.5	52.0	53.5	55.0	56.5
腰围高	89.0	92.0	95.0	98.0	101.0	104.0	107.0	110.0

胸围	72	76	80	84	88	92	96	100
颈围	31.0	31.8	32.6	33.4	34.2	35.0	35.8	36.6
总肩宽	37.0	38.0	39.0	40.0	41.0	42.0	43.0	44.0

腰围	50	52	54	56	58	60	62	64	66	68	70	72	74	76	78	80
臀围	77.4	79.2	81.0	82.8	84.6	86.4	88.2	90.0	91.8	93.6	95.4	97.2	99.0	100.8	102.6	104.4

表4-7 女子5·4/5·2A号型系列主要控制部位数值　　　　单位：cm

部位	A 数值																
身高	145			150		155		160		165		170		175		180	
颈椎点高	124.0			128.0		132.0		136.0		140.0		144.0		148.0		152.0	
坐姿颈椎点高	56.5			58.5		60.5		62.5		64.5		66.5		68.5		70.5	
全臂长	46.0			47.5		49.0		50.5		52.0		53.5		55.0		56.5	
腰围高	89.0			92.0		95.0		98.0		101.0		104.0		107.0		110.0	
胸围	72			76		80		84		88		92		96		100	
颈围	31.2			32.0		32.8		33.6		34.4		35.2		36.0		36.8	
总肩宽	36.4			37.4		38.4		39.4		40.4		41.4		42.4		43.4	
腰围	54	56	58	58	60	62	62	64	66	66	68	70	70	72	74	74	76	78	78	80	84	84	86	88
臀围	77.4	79.2	81.0	81.0	82.8	84.6	84.6	86.4	88.2	88.2	90.0	91.8	91.8	93.6	95.4	95.4	97.2	99.0	99.0	100.8	102.6	102.6	104.4	106.2

表4-8 女子5·4/5·2B号型系列主要控制部位数值　　　　单位：cm

部位	B 数值																
身高	145			150		155		160		165		170		175		180	
颈椎点高	124.5			128.5		132.5		136.5		140.5		144.5		148.5		152.5	
坐姿颈椎点高	57.0			59.0		61.0		63.0		65.0		67.0		69.0		71	
全臂长	46.0			47.5		49.0		50.5		52.0		53.5		55.0		56.5	
腰围高	89.0			92.0		95.0		98.0		101.0		104.0		107.0		110.0	
胸围	68		72		76		80		84		88		92		96		100		104		108	
颈围	30.6		31.4		32.2		33.0		33.8		34.6		35.4		36.2		37.0		37.8		38.6	
总肩宽	34.6		35.8		36.8		37.8		38.8		39.8		40.8		41.8		42.8		43.8		44.8	
腰围	56	58	60	62	64	66	68	70	72	74	76	78	80	82	84	86	88	90	92	94	96	98
臀围	78.4	80.0	81.6	83.2	84.8	86.4	88.0	89.6	91.2	92.8	94.4	96.0	97.6	99.2	100.8	102.4	104.0	105.6	107.2	108.8	110.4	112.0

表4-9　女子5·4/5·2C号型系列主要控制部位数值　　　单位：cm

C								
部位	数值							
身高	145	150	155	160	165	170	175	180
颈椎点高	124.5	128.5	132.5	136.5	140.5	144.5	148.5	152.5
坐姿颈椎点高	56.5	58.5	60.5	62.5	64.5	66.5	68.5	70.5
全臂长	46.0	47.5	49.0	50.5	52.0	53.5	55	56.5
腰围高	89.0	92.0	95.0	98.0	101.0	104.0	107.0	110.0
胸围	68	72	76	80	84	88	92	96	100	104	108	112
颈围	30.8	31.6	32.4	33.2	34.8	34.8	35.6	36.4	37.2	38.0	38.8	39.6
总肩宽	34.2	35.2	36.2	37.2	38.2	39.2	40.2	41.2	42.2	43.2	44.2	45.2
腰围	60	62	64	66	68	70	72	74	76	78	80	82	84	86	88	90	92	94	96	98	100	102	104	106
臀围	78.4	80.0	81.6	83.2	84.8	86.4	88.0	89.6	91.2	92.8	94.4	96.0	97.6	99.2	100.8	102.4	104.0	105.6	107.2	108.8	110.4	112.0	113.6	115.2

儿童服装标准尺寸见表4-10～表4-15。

表4-10　身高80～130cm儿童主要控制部位的数据（一）　　　单位：cm

	号	80	90	100	110	120	130
长度	身高	80	90	100	110	120	130
	坐姿颈椎点高	30	34	38	42	46	50
	全臂长	25	28	31	34	37	40
	腰围高	44	51	58	65	72	79

表4-11　身高80～130cm儿童主要控制部位的数据（二）　　　单位：cm

	胸围	48	52	56	60	64
	颈围	24.20	25	25.80	26.60	27.40
围度	总肩宽	24.40	26.20	28	29.80	31.60
	腰围	47	50	53	56	59
	臀围	49	54	59	64	69

表4-12　身高135～160cm男童主要控制部位的数据（一）　　　单位：cm

	号	135	140	145	150	155	160
	身高	135	140	145	150	155	160
长度	坐姿颈椎点高	49	51	53	55	57	59
	全臂长	44.50	46	47.50	49	50.50	52
	腰围高	83	86	89	92	95	98

表4-13　身高135～160cm男童主要控制部位的数据（二）　　单位：cm

	胸围	60	64	68	72	76	80
	颈围	29.50	30.50	31.50	32.50	33.50	34.50
围度	总肩宽	34.60	35.80	37	38.20	39.40	40.60
	腰围	54	57	60	63	66	69
	臀围	64	68.50	73	77.50	82	86.50

表4-14　身高135～155cm女童主要控制部位的数据（一）　　单位：cm

	号	135	140	145	150	155
	身高	135	140	145	150	155
长度	坐姿颈椎点高	50	52	54	56	58
	全臂长	43	44.50	46	47.50	49
	腰围高	84	87	90	93	96

表4-15　身高135～155cm女童主要控制部位的数据（二）　　单位：cm

	胸围	60	64	68	72	76
	颈围	28	29	30	31	32
围度	总肩宽	33.80	35	36.20	37.40	38.60
	腰围	52	55	58	61	64
	臀围	66	70.50	75	79.50	84

知识点三

成衣规格设计

　　成衣规格设计的目的，是以国家服装号型标准为依据，为具体服装产品设计出的相适应的控制部位数值。

　　成衣作为工业产品，首先要考虑能够适应大多数人的穿着需要，对于个别体型顾客的要求，不能作为成衣规格设计的依据，而只能作为一种参考，这就是强调成衣规格设计必须以国家服装号型标准为依据的主要原因。

　　成衣规格是控制服装外观廓形的尺寸，对于服装的稳定性来讲尤为重要。成品的规格设计，实际上就是对各控制部位的规格设计。上装的主要控制部位包括衣长、胸围、肩宽、领围、袖长等；下装的控制部位包括裤长、腰围和臀围等。男女动静态的差异也决定了在规格设计上的不同，如男装衣身和袖子的围度松量较大，尤其是颈、腰、肩、肘等活动部位的松量更多。而女装中的围度松量则较小，这样才能符合男装和女装不同的造型特点。

　　服装成品规格设计方法一般有两种。第一种是通过查阅服装号型国家标准，由号型的比例数加调节数的方法推算出各个控制部位的尺寸，见表4-16、表4-17。

表 4-16　女上装规格　　　　　　　　　　　单位：cm

部位	品种				
	衬衣	中长旗袍	短袖连衣裙	西装	中长大衣
衣长	（2/5）号+（0~2）	（7/10）号+8	（2/5）号+（12~16）	（2/5）号+（0~2）	（2/5）号+（12~40）
胸围	型+（12~14）	型+（3~8）	型+（3~12）	型+（8~12）	型+（10~18）
总肩宽	（3/10）B+（10~11）	（3/10）B+（10~11）	（3/10）B+（10~11）	（3/10）B+（11~12）	（3/10）B+（12~13）
袖长	（3/10）号+（5~7）	（3/10）号+（4~6）	（1/10）号+（0~10）	（3/10）号+（8~10）	（3/10）号+（8~10）
领围	（3/10）B+9	（3/10）B+8	—	（3/10）B+9	（3/10）B+9

表 4-17　男上装规格　　　　　　　　　　　单位：cm

品种	部位				
	衣长	胸围（B）	总肩宽	袖长	领围
衬衣	（2/5）号+（2~4）	型+（18~22）	（3/10）B+（13~14）	（3/10）号+（7~9）	（3/10）B+8
西服	（2/5）号+（6~8）	型+（16~18）	（3/10）B+（13~14）	（3/10）号+（7~9）	（3/10）B+9
中山装	（2/5）号+（4~6）	型+（20~22）	（3/10）B+（12~13）	（3/10）号+（9~11）	（3/10）B+8
外装	（2/5）号+（2~6）	型+（18~22）	（3/10）B+（13~14）	（3/10）号+（8~10）	（3/10）B+9
短大衣	（2/5）号+（12~16）	型+（26~30）	（3/10）B+（12~15）	（3/10）号+（11~13）	（3/10）B+9
长大衣	（3/5）号+（4~6）	型+（28~32）	（3/10）B+（12~15）	（3/10）号+（12~14）	（3/10）B+9

　　第二种是直接测量人体加放松量从而得到服装各控制部位的尺寸。对于正常体型不同款式的长度、围度加放量可参考表 4-18～表 4-20。以上各品种的围度、长度的设计均指正常体型，特殊体型要根据情况进行调整。同一品种不同的穿着状态也会影响围度的加放量，比如胸围的加放量 0～12cm 为贴体、12～18cm 为较贴体、18～25cm 为较宽松、25cm 以上为宽松。所以，对于上装的成品规格设计不能一概而论，要具体情况具体分析。加放量的影响因素有面料的性能、款式特点、流行、地域、民族风俗等。

表 4-18　女上装围度加放量参考　　　　　　　　单位：cm

品种	主要部位围度加放量			
	胸围	领围	腰围	总肩宽
短袖、连衣裙	8~12	1.5~2.5	2~4	0.5~1.5
女衬衫	10~14	1.5~2.5		1~2
休闲外套	16~20	4~5		

续表

品种	主要部位围度加放量			
	胸围	领围	腰围	总肩宽
女马甲	6～10			
女西装	12～16			1～2
女大衣	14～18	3～4		1～2

注：表中所列的加放量是在人体"型"，即净胸围的基础上加放。以上各品种围度加放量均指正常体型。

表4-19　男上装围度加放量参考　　　　　　　　　　单位：cm

品种	主要部位围度加放量			
	胸围	腰围	臀围	领围
男衬衫	18～20			2～3
男夹克衫	20～22			3～4
男马甲	10～14			
男西装	16～20		12左右	
男中山装	18～22		14左右	3～4
男大衣	25～28		11	

注：表中所列的加放量是在人体"型"，即净胸围的基础上加放。以上各品种围度加放量均指正常体型。

表4-20　男、女下装规格参考　　　　　　　　　　单位：cm

部位	男长裤	男短裤	女长裤	女短裤	裙子
裤（裙）长	（3/5）号＋（2～4）	（3/5）号－（6～7）	（3/5）号＋（6～8）	（3/5）号－（2～6）	（3/5）号＋（0～10）
腰围	型＋（2～6）	型＋（0～2）	型＋（2～4）	型＋（0～2）	型＋（0～2）
臀围	（4/5）W＋（40～44）	（4/5）W＋（38～42）	（4/5）W＋（42～46）	（4/5）W＋（40～44）	（4/5）W＋（40～44）

任务分析

此款女装为四开身结构，平驳领，平下摆，前门襟三粒扣，前后衣身设刀背缝分割线，收腰合体，衣身呈X型。左右衣片下方有两只嵌袋，袋口装袋盖，后片有后背缝。圆装两片袖。袖口有开叉，开叉处钉三粒装饰扣。如图4-1所示。

图 4-1　女时装款式

一、号型规格

1. 号型规格设计

选取女子中间体 160/84A，确定中心号型的数值，然后按照各自不同的规格系列计算出相关部位的尺寸，通过推档形成全部的规格系列。查服装号型表可知：160/84A 对应坐姿颈椎点高 62.5cm、胸围 84cm、肩宽 39.4cm、全臂长 50.5cm。

（1）衣长规格的设计

衣长＝坐姿颈椎点高 ±X，或者（2/5）号。

此款女时装衣长＝（2/5）×160cm ＝ 64cm。

（2）胸围规格的设计

胸围＝人体净胸围＋X。

此款女时装 X ＝ 12cm，即胸围＝ 84cm ＋ 12cm ＝ 96cm。

（3）肩宽规格的设计

肩宽＝人体净肩宽 ±X，或者（3/10）B ＋（11～13cm）。

此款女时装肩宽＝ 28.8cm ＋ 11.2cm ＝ 40cm。

（4）袖长规格的设计

袖长＝全臂长 ±X，或者（3/10）号＋（7～10cm）。

此款女时装袖长＝ 48cm ＋ 7.5cm ＝ 55.5cm。

（5）袖口规格的设计

袖口＝腕围＋X，或者依经验取值。

本款女时装袖口取经验值 13.7cm。

2. 系列号型表（见表4-21）

表4-21　女时装系列号型　　　　　　　　　　　单位：cm

部位	号型					档差
	150/76A	155/80A	160/84A	165/88A	170/92A	
衣长L	60	62	64	66	68	2
胸围B	88	92	96	100	104	4
肩宽S	38	39	40	41	42	1
袖长SL	52.5	54	55.5	57	58.5	1.5
袖口CW	13.1	13.4	13.7	14	14.3	0.3

二、母版设计

1. 结构设计参考公式（见表4-22）

表4-22　女时装计算公式　　　　　　　　　　　单位：cm

部位	公式	数据	部位	公式	数据
前衣长	L	64	后衣长	L	64
前领深	B/12＋0.5	8.5	后领口深		2.5
前胸围线	B/5＋（4～5）	24.2	后胸围线	B/5＋（4～5）	24.2
前腰节线	号/4	40	后腰节线	号/4	40
前落肩	B/20	4.8	后落肩	B/20–0.5	4.3
前肩宽	S/2	20	后肩宽	S/2＋0.5	20.5
前领宽	B/12–0.5	7.5	后领宽	B/12–0.5	7.5
前胸宽	B/6＋1	17	后背宽	B/6＋1.5	17.5
前胸围大	B/4	24	后胸围大	B/4	24
袖肥	B/5–（0.5～1）	18.7	袖山斜线	AH/2＋0.5	24

注：袖山高也可用公式B/10+X来计算。

2. 结构制图（见图4-2、图4-3）

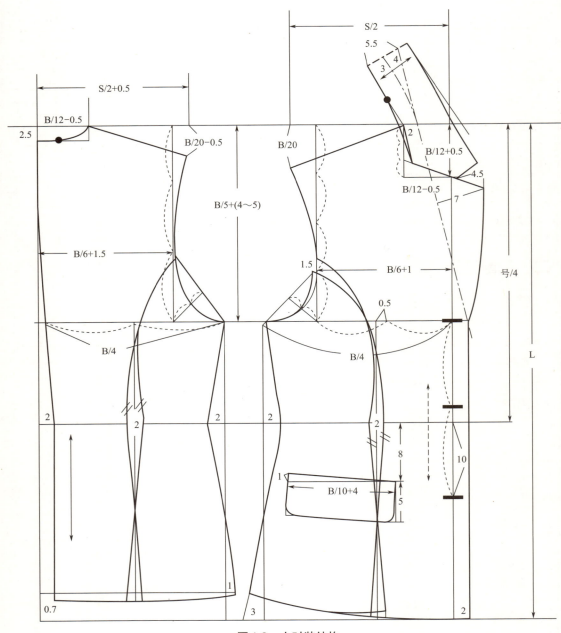

图4-2　女时装结构

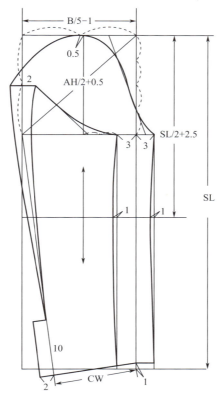

图4-3 女时装袖子结构

三、调版

前后衣片、袖片及领片绘制完成后，最重要的一个步骤就是验版，首先对各部位尺寸进行细致核对，其次要进行线条细部的校验，比如前后肩线的长度（后肩斜线的长度应大于前肩斜线），前后侧缝线长度是否相等，前后衣片分割线长度是否相等，前后肩线与袖窿弧线是否垂直圆顺等，不顺的地方要调整。

1. 袖窿弧线检验

把前衣片、前侧片、后衣片、后侧片合并起来进行检验，确保袖窿弧线圆顺流畅，见图4-4。

2. 袖山弧线的检验

检查袖山弧线是否圆顺流畅，这直接影响袖子的美观程度。同时，检查大小袖的袖底缝长度是否相等，见图4-5。

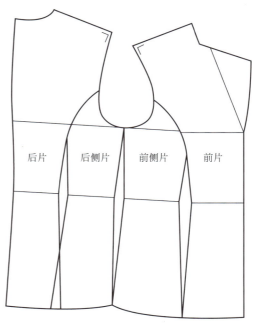

图4-4 女时装袖窿弧线检验

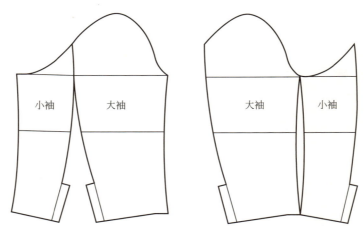

图4-5 女时装袖子线条检验

3. 袖山与袖窿吃势的检验

袖山吃势（袖山弧长与袖窿弧长的差值）要根据面料的厚薄及性能而定，毛料的吃势大约4～5cm；化纤料的吃势大约2～3cm。这样才能使袖型圆顺饱满、弯势自然、丝绺顺直、前圆后登，同时还要做好袖山弧线与袖窿弧线的对位标记，为后续工艺制作提供依据，见图4-6。

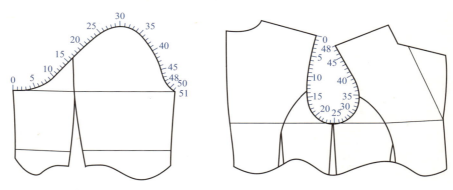

图4-6 女时装袖子结构

四、样版放缝及标注

（1）根据净样版放出毛缝，衣身样版的侧缝、肩缝、袖窿、领口等一般放缝1cm，前门襟止口、后中放缝1.5～2cm，下摆折边宽一般为4cm，如图4-7所示。

（2）袖子的放缝同衣身，袖山弧线、内外袖缝放缝1cm，袖口折边3.5～4cm。

（3）挂面一般在肩缝处宽3～4cm，止口处宽7～8cm。挂面除底摆折边宽为4cm外，其余各边放缝1cm。

（4）袋盖的上口放缝1.5cm，其余各边放缝2cm。

（5）女时装的领面周边放缝1.5cm，也可做分领座处理。领里材料为领底绒，缝份加放一种是不放缝，四周用三角针与领面绷住；另一种是领角放缝，即在领角和串口线的前一部分合缝，需要放缝1cm缝份，如图4-8所示。

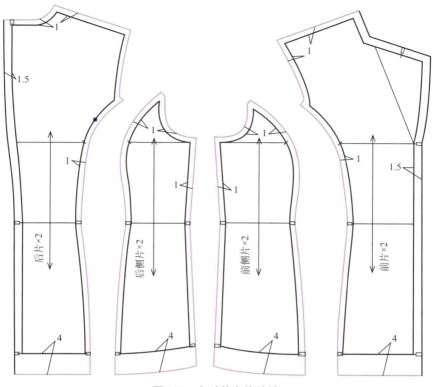

图4-7 女时装衣片放缝

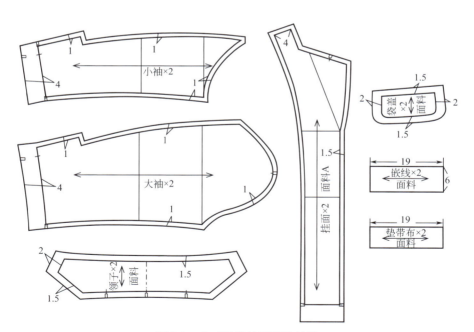

图4-8 女时装袖片零部件放缝

女时装样版的放缝并不是一成不变的，其缝份的大小可以根据面料性能、工艺处理方法等不同而做相应的变化。同时，对女时装样版进行文字标注和定位标记。

五、附件设计

　　女时装里子设计是在母版的基础上根据缝制要求和里面配套关系而进行设计的，为了使面子不受影响，里子设计都要适当加大一些松量。因为当人体运动时，女时装里子难以适应人体肌肉拉伸的变化，再加上里料的拉伸性能较弱，紧裹人体会导致拉断缝线。通常在肩部设计一个锥形活褶，在里子腋下缝处设计一个平行活褶，这都是为了满足肩关节里侧锁骨下窝处和肩关节之下腋窝处肌肉拉伸变化较大的需要，如图4-9所示。

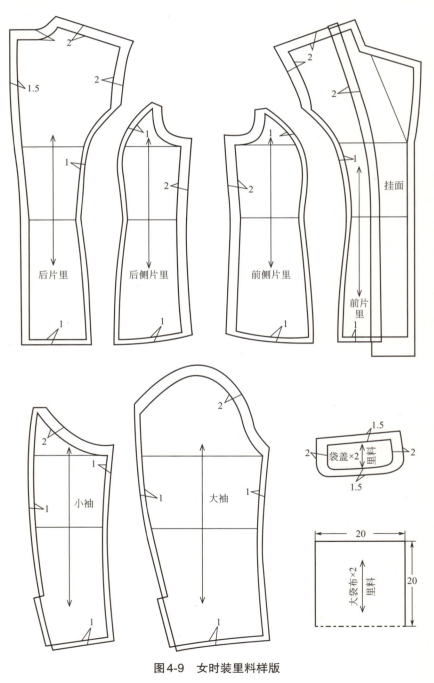

图4-9　女时装里料样版

六、推版

女时装主要控制部位的档差见表 4-23。

表 4-23　女时装主要控制部位档差及代号（5·4 系列）　　单位：cm

部位	档差	代号
号	5	号$_0$
衣长 L	2	L_0
胸围 B	4	B_0
肩宽 S	1	S_0
袖长 SL	1.5	SL_0
袖口 CW	0.3	CW_0

1. 女时装前片及前侧片推版（见表4-24、图4-10、图4-11）

胸围线为 X 轴，以前中线为 Y 轴，这样只是在长度上把女时装分为上下两个部分，在围度上没有分割。

表 4-24　女时装前片及前侧片推档部位计算　　单位：cm

部位	关键点	规格档差和部位档差计算公式 X 轴数值和方向	规格档差和部位档差计算公式 Y 轴数值和方向
女时装前片	A	$X_A = B_0/12 = 0.33$；反向	$Y_A = B_0/5 = 0.8$；正向
	B	$X_B = B_0/12 = 0.33$；反向	$Y_B = B_0/5 - B_0/12 = 0.47$；正向
	C	$X_C = B_0/12 = 0.33$；反向	$Y_C = B_0/5 - B_0/12 = 0.47$；正向
	D	$X_D = 0$	$Y_D = B_0/5 - B_0/12 = 0.47$；正向
	E	$X_E = S_0/2 = 0.5$；反向	$Y_E = B_0/5 - B_0/20 = 0.6$；正向
	F	$X_F = 0$	$Y_F = 0$
	G	$X_G = 0$	$Y_G = $ 号$_0/4 - B_0/5 = 0.45$；反向
	H	$X_H = 0$	$Y_H = L_0 - B_0/5 = 1.2$；反向
	I	$X_I = B_0/6 = 0.67$；反向	$Y_I = L_0 - B_0/5 = 1.2$；反向
	J	$X_J = B_0/6 = 0.67$；反向	$Y_J = $ 号$_0/4 - B_0/5 = 0.45$；反向
	K	$X_K = B_0/6 = 0.67$；反向	$Y_K = 0$
	L	$X_L = B_0/6 = 0.67$；反向	$Y_L = B_0/5 \times 1/4 = 0.2$；正向
前侧片	M	$X_M = 0$	$Y_M = B_0/5 \times 1/4 = 0.2$；向上
	N	$X_N = 0$	$Y_N = 0$
	O	$X_O = 0$	$Y_O = $ 号$_0/4 - B_0/5 = 0.45$；反向
	P	$X_P = 0$	$Y_P = L_0 - B_0/5 = 1.2$；反向
	Q	$X_Q = B_0/4 - B_0/6 = 0.33$；反向	$Y_Q = 0$
	R	$X_R = B_0/4 - B_0/6 = 0.33$；反向	$Y_R = $ 号$_0/4 - B_0/5 = 0.45$；反向
	S	$X_S = B_0/4 - B_0/6 = 0.33$；反向	$Y_S = L_0 - B_0/5 = 1.2$；反向

注：侧片在推版时，MNOP 可以和前片 LKJI 相同，这样在推版时可以在侧缝处推 B 档差/4；也可以保持不动，在侧缝上推 $B_0/4 - $ 前胸宽的档差 $= 0.33$。

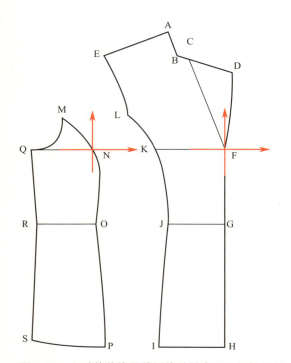
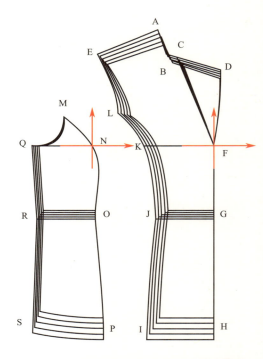

图4-10 女时装前片及前侧片关键点及坐标轴设置　　图4-11 女时装前片及前侧片推版全档图

2. 女时装后片及后侧片推版（见表4-25、图4-12、图4-13）

表4-25　女时装后片及后侧片推档部位计算　　　　　　　　　单位：cm

部位	关键点	规格档差和部位档差计算公式	
		X轴数值和方向	Y轴数值和方向
女时装后片	A	$X_A = B_0/12 = 0.33$；正向	$Y_A = B_0/5 = 0.8$；正向
	B	$X_B = 0$	$Y_B = B_0/5 = 0.8$；正向
	C	$X_C = S_0/2 = 0.5$；正向	$Y_C = B_0/5 - B_0/20 = 0.6$；正向
	D	$X_D = B_0/6 = 0.67$；正向	$Y_D = B_0/5 \times 1/3 = 0.27$；正向
	E	$X_E = B_0/6 = 0.67$；正向	$Y_E = 0$
	F	$X_F = B_0/6 = 0.67$；正向	$Y_F = 号_0/4 - B_0/5 = 0.45$；反向
	G	$X_G = B_0/6 = 0.67$；正向	$Y_G = L_0 - B_0/5 = 1.2$；反向
	H	$X_H = 0$	$Y_H = L_0 - B_0/5 = 1.2$；反向
	I	$X_I = 0$	$Y_I = 号_0/4 - B_0/5 = 0.45$；反向
	J	$X_J = 0$	$Y_J = 0$
侧片	K	$X_K = 0$	$Y_K = B_0/5 \times 1/3 = 0.27$；正向
	L	$X_L = 0$	$Y_L = 0$
	M	$X_M = 0$	$Y_M = 号_0/4 - B_0/5 = 0.45$；反向
	N	$X_N = 0$	$Y_N = L_0 - B_0/5 = 1.2$；反向
	O	$X_O = B_0/4 - B_0/6 = 0.33$；正向	$Y_O = L_0 - B_0/5 = 1.2$；反向
	P	$X_P = B_0/4 - B_0/6 = 0.33$；正向	$Y_P = 号_0/4 - B_0/5 = 0.45$；反向
	Q	$X_Q = B_0/4 - B_0/6 = 0.33$；正向	$Y_Q = 0$

注：侧片在推版时，KLMN可以和后片DEFG相同，这样在推版时可以在侧缝处推B档差/4；也可以保持不动，在侧缝上推$B_0/4$－前胸宽的档差＝0.33。

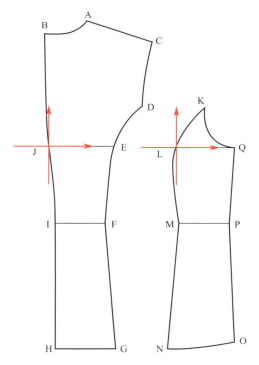
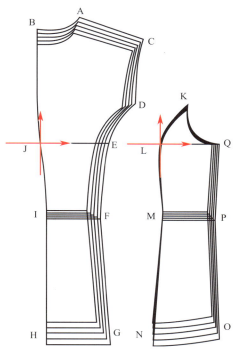

图 4-12 女时装后片及后侧片关键点及坐标轴设置　　图 4-13 女时装后片及后侧片推版全档图

3. 女时装大袖及小袖推版（见表4-26、图4-14、图4-15）

表 4-26　女时装大袖及小袖推档部位计算　　　　　　　　单位：cm

部位	关键点	规格档差和部位档差计算公式 X轴数值和方向	规格档差和部位档差计算公式 Y轴数值和方向
大袖	A	$X_A = (B_0/5)/2 = 0.4$；反向	$Y_A = 1.5B_0/10 = 0.6$；正向
大袖	B	$X_B = B_0/5 = 0.8$；反向	$Y_B = 2(1.5B_0/10)/3 = 0.4$；正向
大袖	C	$X_C = B_0/5 = 0.8$；反向	$Y_C = 0$
大袖	D	$X_D = 0$	$Y_D = 0$
大袖	E	$X_E = CW_0 = 0.3$；反向	$Y_E = SL_0 - (1.5B_0/10) = 0.9$；反向
大袖	F	$X_F = CW_0 = 0.3$；反向	$Y_F = SL_0 - (1.5B_0/10) = 0.9$；反向
大袖	G	$X_G = CW_0 = 0.3$；反向	$Y_G = SL_0 - (1.5B_0/10) = 0.9$；反向
大袖	H	$X_H = 0$	$Y_H = SL_0 - (1.5B_0/10) = 0.9$；反向
小袖	B1	$X_{B1} = B_0/5 = 0.8$；反向	$Y_{B1} = 2(1.5B_0/10)/3 = 0.4$；正向
小袖	C1	$X_{C1} = B_0/5 = 0.8$；反向	$Y_{C1} = 0$
小袖	D1	$X_{D1} = 0$	$Y_{D1} = 0$
小袖	E1	$X_{E1} = CW_0 = 0.3$；反向	$Y_{E1} = SL_0 - (1.5B_0/10) = 0.9$；反向
小袖	F1	$X_{F1} = CW_0 = 0.3$；反向	$Y_{F1} = SL_0 - (1.5B_0/10) = 0.9$；反向
小袖	G1	$X_{G1} = CW_0 = 0.3$；反向	$Y_{G1} = SL_0 - (1.5B_0/10) = 0.9$；反向
小袖	H1	$X_{H1} = 0$	$Y_{H1} = SL_0 - (1.5B_0/10) = 0.9$；反向

注：表中显示为扩大号型的方向，若是缩小号型则方向相反。

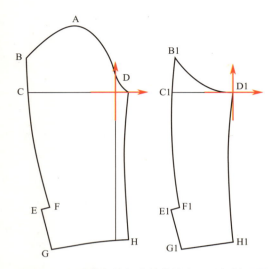

图4-14　女时装大袖与小袖关键点及坐标轴设置　　图4-15　女时装大袖及小袖推版全档图

4. 女时装零部件推版（见图4-16）

（1）领片：宽度不变，长度在后中和串口线上分别按每档"$B_0/12=0.33cm$"进行推档。

（2）袋盖、嵌线：宽度不变，长度按每档"$B_0/10=0.4cm$"进行推档。

（3）挂面：挂面宽度不变，下摆纵向推1.2cm，领口纵向推0.8cm。

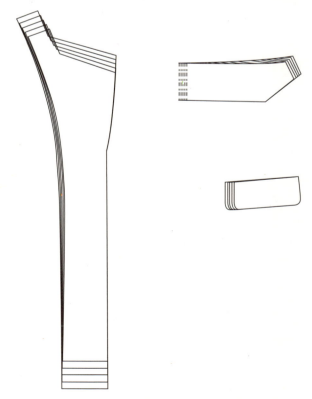

图4-16　女时装零部件推版全档图

> **案例链接**　**胡晓春和他的守松故事**

　　2006年，从部队退伍回来的胡晓春，脱下军装，穿上护林服，在黄山风景区当起了一名防火员。2011年，29岁的胡晓春接过师父的望远镜、放大镜，正式转正"接棒"成为第19任迎客松守松人，这一守就是12年。

　　为加强对迎客松的保护，早在1981年，黄山风景区就确定了专人对迎客松进行24小时的特级"护理"。天天守着一棵树，会不会觉得枯燥、单一、乏味？"对我来说，迎客松不单单是一棵树，不是亲人却胜似亲人，守护好迎客松，就如同守护好家人一样。"并不擅言辞的胡晓春，一直把迎客松当成长辈，在他眼里，他和迎客松、黄山三者之间的亲密关系，就是"你守着山，我守着你"。

　　"没有变化，是最好的变化。"

　　这话听上去比较拗口，但胡晓春的理解是，只要无异常，就说明没有白白守护，迎客松长势良好，是对自己最好的回馈。

　　如今，回过头再去想想，坚持留下来，胡晓春没有后悔过，"守护好迎客松，就是守护好绿水青山金山银山。"即便休息在家，胡晓春也牵挂着这棵树，会不自觉地打开手机上的监测系统，看看实时情况。

　　因为这份工作，胡晓春2016年荣获"全国旅游系统劳动模范"称号；2019年获得"全国五一劳动奖章"；2020年11月，被评为"全国劳动模范"。

> **思考**

1. 通过阅读上面的案例，您认为胡晓春具备什么样的品质？
2. 从本案例中您得到哪些启示？

任务拓展

根据提供的母版，自主设计档差和坐标轴，进行工业推版（扩大和缩小各一号），见图4-17、图4-18。

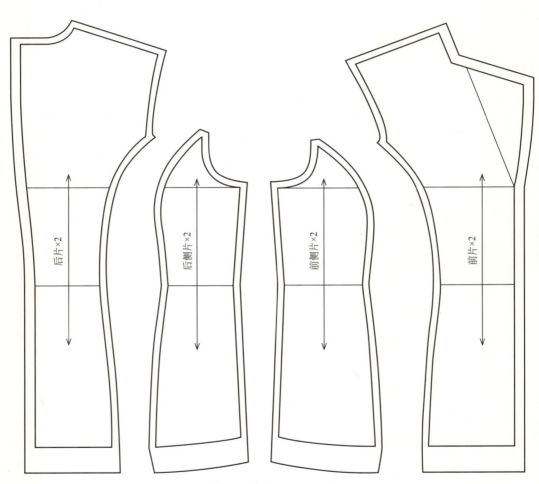

图4-17　女时装母版1

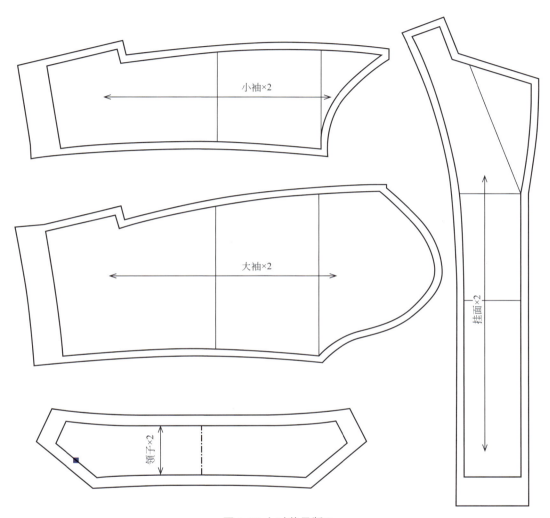

图4-18 女时装母版2

岗位实训

实训项目	短袖女时装工业推版				
实训目的	1.能够看懂款式图，正确地分析款式特点。 2.能够设计制作短袖女时装的母版。 3.能够运用所学知识，进行短袖女时装工业推版，达到举一反三。				
项目要求	选做	必做	是否分组	每组人数	
实训时间		实训学时		学分	
实训地点		实训形式			
实训内容	某服装公司技术科接到生产任务单，经过整理如图4-19、表4-27所示，请根据提供材料进行服装工业推版。 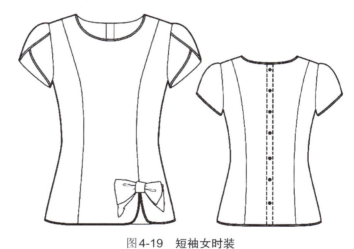 图4-19 短袖女时装 表4-27 短袖女时装成品规格表　　　　单位：cm 	部位	号型					档差
---	---	---	---	---	---	---
	150/76A XS	155/80A S	160/84A M	165/88A L	170/92A XL	
衣长L	60	62	60	66	68	2
胸围B	84	88	92	96	100	4
肩宽S	38	39	40	41	42	1
袖长SL	10	11.5	13	14.5	16	1.5
袖口CW	14	14.5	15	15.5	16	0.5					

续表

实训材料	打版纸、拷贝纸
实训步骤及要求	评分标准及分值
1.实物款式图和成品规格表的分析 要求：对款式特点、规格进行分析	对款式的分析、定位准确，不符酌情扣 5～20 分。分值：20 分
2.母版设计 要求：根据分析，进行结构制图和结构设计。 结构设计与实物一致合理，母版数量齐全，样版线条流畅	版型结构合理，比例正确，不符酌情扣 5～30 分。 样版（或裁片）数量齐全，缺一处扣 1 分，扣完为止。 各缝合部位对应关系合理，一处不符合扣 1 分，扣完为止。 各部位线条顺直、清晰、干净、规范，不符处酌情扣 1 分，扣完为止。 分值：30 分
3.毛版设计 要求：样版分割合理，缝份准确。样版文字标记和定位标记准确	各部位放缝准确，一处不符合扣 1 分，扣完为止。 样版文字说明清楚，用料丝缕正确，一处不符合扣 1 分，扣完为止。 定位标记准确、无遗漏，一处不符合扣 1 分，扣完为止。 分值：20 分
4.推版 要求：推版公共线选取合理，关键点准确，计算准确，绘制标准	推版计算合理，一处不符合扣 1 分，扣完为止。 分值：30 分
学生评价	
教师评价	
企业评价	

103

存在的主要问题：

收获与总结：

今后改进、提高的情况：

任务四　女时装工业推版

第一模块 服装工业推版

自我分析与总结 2

存在的主要问题：

收获与总结：

今后改进、提高的情况：

任务五

男西装工业推版

学习目标

 1. 熟悉男西装的款式特点。
2. 掌握男西装成品规格设计方法。

 1. 能够独立绘制男西装的母版，并进行修正。
2. 能够进行男西装的推版。
3. 能够针对三开身结构的服装进行推版。

素质 1. 培养学生勇于创新的意识。
2. 培养学生高度的责任感和严谨精细的工作作风。
3. 培养学生的团队合作意识。
4. 培养学生自主学习、自主探究的能力。

任务描述

　　该任务主要是掌握男西装工业推版的过程，并以此为载体理解工业制版、工业样版和工业推版的概念。掌握男西装推版中公共线的选取、设置关键点等知识，理解三开身类推版方法并能够举一反三。本任务宏观上采用"实例驱动"，在微观上采用"问题引导""启发式教学"以及用"边做边演示"的方法讲解工业纸样毛版制作技巧，同时要求学生"边看边做"，使学生对男西装制作工业纸样从感性认识上升为理性认识，掌握男西装工业推版技能。对知识进行归纳总结，通过本任务的完成帮助学生寻求新旧知识的联系及所学知识与相关学科的联系。

任务要求

　　1. 学生准备好制图工具。
　　2. 教师准备好1∶1男西装样版一份，用于推版演示。
　　3. 教师引导学生共同分析款式图，包括款式分析、结构分析、工艺分析和成品规格分析。
　　4. 学生准备好1∶5男西装样版，用于推版练习。

任务分析

图 5-1 的男西装外形为 H 形。单排扣，平驳领，前门襟两粒扣、三开身结构，圆下摆，左胸有一个手巾袋，左驳头插花眼一个，前衣身下方左右两侧各设有一个夹带盖的双嵌线衣袋，腰节处收腰省、腋下省，后身中缝可设开衩。袖型为圆装袖，袖口有开衩并设三粒装饰扣。用料选用精纺纯毛、混纺面料，整身绸里。

男西装各部位名称见图 5-2。

图 5-1　男西装款式图

图 5-2　男西装各部位名称

一、号型规格

1. 号型规格设计

选取男子中间体170/88A，确定中心号型的数值，然后按照各自不同的规格系列计算出相关部位的尺寸，通过推档而形成全部的规格系列。查服装号型表可知：170/88A 对应坐姿颈椎点高 66.5cm、胸围 88cm、肩宽 43.6cm、全臂长 55.5cm。

（1）衣长规格的设计

衣长＝坐姿颈椎点高 ±X，或者（2/5）号＋6cm。

本款男西装 X ＝ 7.5cm，即衣长＝ 66.5cm ＋ 7.5cm ＝ 74cm。

（2）胸围规格的设计

胸围＝人体净胸围 ±X。

宽松型，18～22cm；贴体型，12～17cm。本款男西装 X ＝ 18cm，即胸围＝ 88cm ＋ 18cm ＝ 106cm。

（3）肩宽规格的设计

肩宽＝人体净肩宽 ±X，或者（3/10）B ＋ 13.2cm。

本款男西装 X ＝ 1.4cm，即肩宽＝ 43.6cm ＋ 1.4cm ＝ 45cm。

（4）袖长规格的设计

袖长＝全臂长 ±X，或者（3/10）号＋7cm。

本款男西装 X ＝ 2.5cm，即袖长＝ 55.5cm ＋ 2.5cm ＝ 58cm。

（5）袖口规格的设计

袖口＝腕围＋X，或者经验取值。

本款男西装 X ＝ 12cm，即袖口＝腕围＋ 12cm ＝ 30cm。

2. 系列规格表（见表5-1）

表5-1　男西装系列号型　　　　　　　　单位：cm

部位	160/80A XS	165/84A S	170/88A M	175/92A L	180/96A XL	档差
衣长 L	70	72	74	76	78	2
胸围 B	98	102	106	110	114	4
肩宽 S	42.6	43.8	45	46.2	47.4	1.2
袖长 SL	55	56.5	58	59.5	61	1.5
袖口 CW	28	29	30	31	32	1

二、母版设计

1. 结构设计

选取 170/88A 为母版规格进行结构设计，结构设计参考表 5-2 公式。

表 5-2　男西装计算公式　　　　　　　　　　单位：cm

部位	公式	数据	部位	公式	数据
前领宽	$B/10-1.5$	9.1	后领宽	$B/10-1.5$	9.1
前领深	自主设计	8	后领深	定数	2.5
前肩宽	后肩线长$-(0.5\sim1)$	待测	后肩宽	$S/2$	22.5
前肩斜	15：5.5		后肩斜	15：4.5	
袖窿深	$B/5+4$	25.2	后腰节	号$/4$	42.5
前胸宽	$B/6+1$	18.7	后背宽	$B/6+2$	19.7
袖肥	$B/5-1$	20.2	袖山高	$AH/2+1$	27.5

注：$AH=53$。

2. 结构制图（见图5-3）

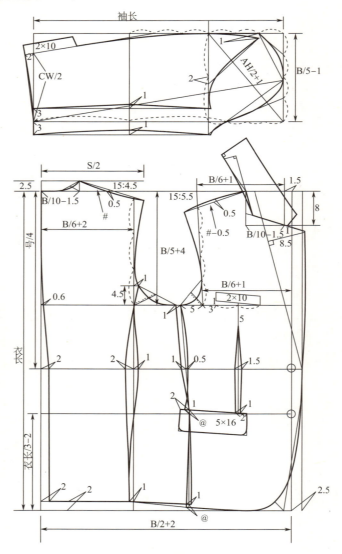

图 5-3　男西装结构

三、调版

首先要对各部位的规格进行验证，包括衣长、胸围、肩宽、袖长、袖口。同时还要对领宽、口袋等细部尺寸进行复核，对不太顺的弧线要进行调整，使西装版型既达到穿着的实用性，又具有装饰性。男西装主要调整的部位有以下几个方面。

1. 袖窿弧线检验

基础样版绘制好后要进行纸样拼接检验，观察各部位线条的形态是否标准。通过检验确保袖窿弧线的圆顺、流畅，如图5-4所示。

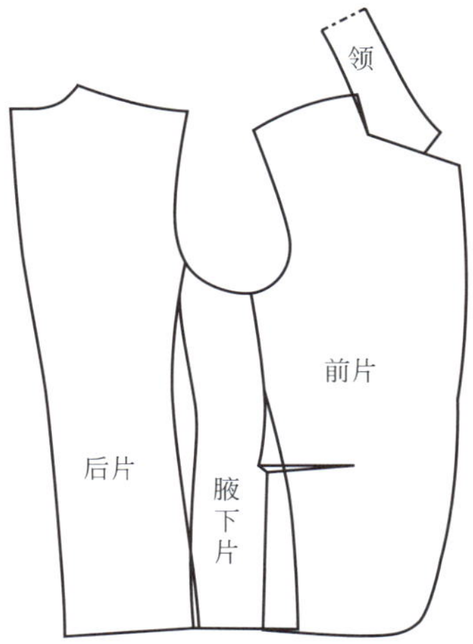

2. 袖山弧线和袖侧缝线的检验

袖山弧线圆顺与否是袖子能否达到完美的关键，确定出袖山对位点。袖侧缝的长度检验，只有在版型设计上充分考虑相关因素，才可以减少修改的概率，如图5-5所示。

图5-4 男西装袖窿弧线检验

3. 袖窿弧线与袖山弧线吻合程度的复核

西装袖子袖山弧线长度一般比袖窿弧线长2.5～3cm的吃量，这样可以形成肩端处圆顺饱满的造型。另外，还要对各部位的对位标记进行复核，确保各部位吃势在控制范围之内，为工艺制作提供理论依据。衣身袖窿的绿色、红色和紫色部分分别对应袖子的绿色、红色和紫色部分。衣身领窝橙色和蓝色部分对应领子的橙色和蓝色部分，如图5-6所示。

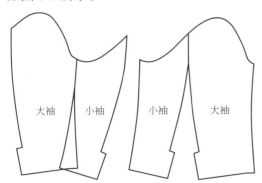

图5-5 对男西装袖子线条进行检验

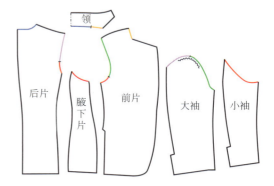

图5-6 对男西装袖窿弧线和袖山弧线进行检验

四、样版放缝及标注

（1）根据净样版放出毛缝，衣身样版的侧缝、肩缝、袖窿、领口、止口等一般放缝1cm，后中放缝2cm，下摆折边宽一般为4cm。

（2）挂面一般在肩缝处宽3～4cm，止口处宽7～8cm。挂面除底摆折边宽为4cm外，其余各边放缝1cm。

（3）袖子的放缝同衣身，袖山弧线、内外袖缝放缝为1cm，袖口折边为3.5cm。

（4）袋盖的上口放缝2cm，其余各边放缝1.5cm。

（5）手巾袋的上口对折，周边放缝 1.5cm。

（6）男西装的领面周边放缝 1.5cm，也可做分领座处理。领里材料为领底绒，缝份加放一种是不放缝，四周用三角针与领面绷住；另一种是领角放缝，即在领角和串口线的前一部分合缝，需要放缝 1cm 缝份。

男西装样版的放缝并不是一成不变的，其缝份的大小可以根据面料性能、工艺处理方法等不同而做相应的变化。同时，也要对对男西装样版进行文字标注和定位标记，如图5-7所示。

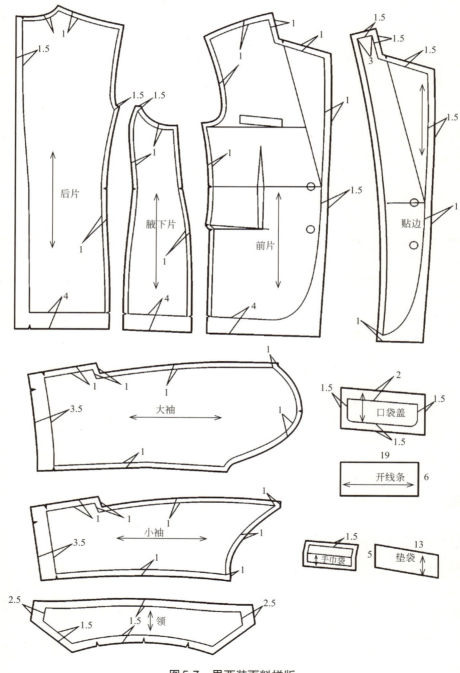

图5-7　男西装面料样版

五、附件设计

1. 里子设计

男西装里子是在母版的基础上根据缝制要求和里面配套关系而进行设计的，为了使面子不受影响，里子设计都要适当加大一些松量。因为当人体运动时，西装里子难以适应人体肌肉拉伸的变化，再加上里料的拉伸性能较弱，紧裹人体以致拉断缝线。通常在肩部设计一个锥形活褶，在里子腋下缝处设计一个平行活褶，这都是为了满足肩关节里侧锁骨下窝处和肩关节之下腋窝处肌肉拉伸变化较大的需要，如图5-8所示。

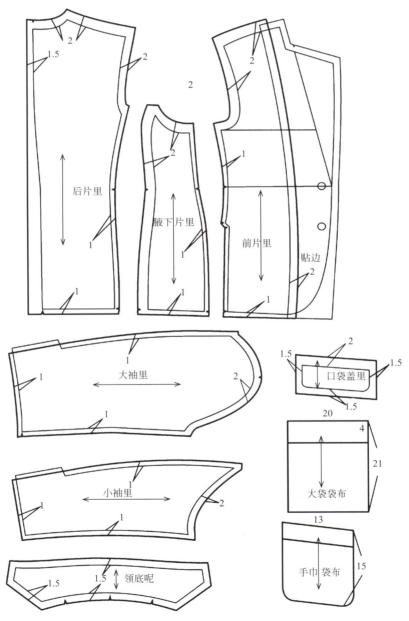

图 5-8 男西装里料样版

2. 衬板设计

西装的完美造型离不开衬的作用，西装的用衬非常讲究，衬的质量也直接决定着西装的质量。但是用衬的部位基本是一样的。衬板在面料毛版的基础上配置，衬的大小可以根据比例进行设计。为了防止渗胶污染面料和损坏机器，衬的大小在设计时要比西装的样版小 0.3cm 左右。

（1）面板衬设计　采用较好的有纺衬，如图 5-9 所示。

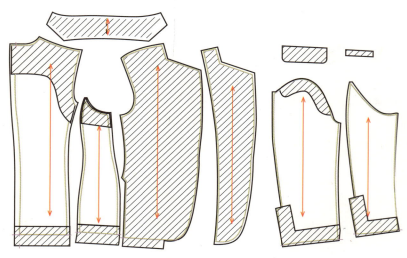

图 5-9　男西装衬料样版

① 男西装前片一般整片粘衬，后片和后侧片下摆粘衬宽 5cm，后片若有开衩需粘衬。肩部和袖窿处粘衬视面料和款式特点选择，有时可不粘，用纤条代替。

② 挂面、领面、领里及袋盖面、嵌线需整片粘衬。

③ 所有袋位都需要粘衬。

④ 大小袖片的袖口粘衬同后片衣身下摆，宽度为 5cm，大袖片的袖山粘衬视具体情况选择，一般可不粘。大袖片袖衩需粘衬。

⑤ 手巾袋按净样粘衬。

⑥ 里袋的三角袋盖需要粘衬。

（2）胸衬设计　为了使西装胸部更加挺括，胸衬设计时除了保证胸衬本身的质量外，还要注意形状、大小及各层衬之间的配套关系。图中虚线代表马尾衬，红线代表针刺棉，蓝线代表盖肩衬，如图 5-10 所示。

3. 工艺样版设计（图5-11）

（1）省位样版　用来确定省道的位置和大小，因为是头道工序，用时会将样版的止口和下摆与衣片对齐，因此止口和下摆为毛缝。

（2）袋位样版　大袋位涉及前片和前侧片，工艺制作中挖口袋时前片和前侧片已经拼合，因此在做袋位样版时也应该将前片和前侧片拼合，下摆、侧缝和止口与衣片完全吻合，找出袋口位置及前片与前侧片的拼合缝，用剪口表示出来。手巾袋位样版直接取前片的上部分，然后在手巾袋的位置用剪口表示出来。

（3）领净样　领子净样用于勾画领轮廓。

113

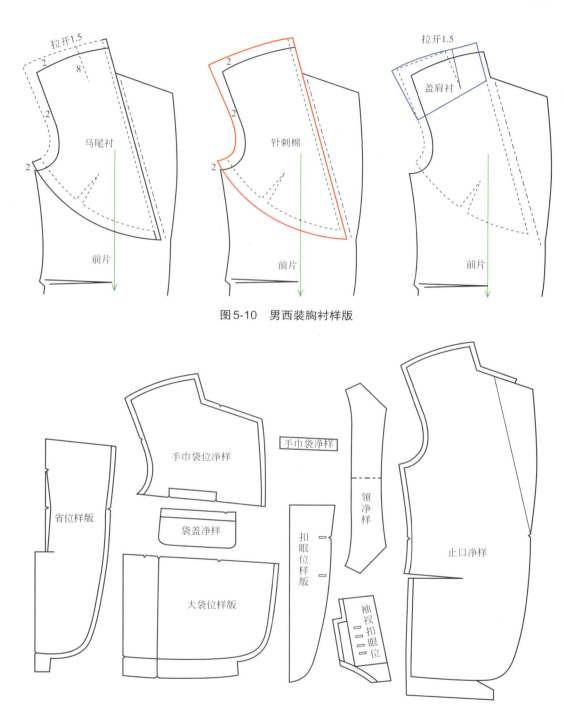

图 5-10 男西装胸衬样版

图 5-11 工艺样版

（4）止口净样 止口净样是在合止口之前修正止口用的，因此止口边是净缝。

（5）袋盖净样 袋盖净样除袋口边为毛缝外，其余三边为净缝。

（6）手巾袋净样 手巾袋净样除下口为毛缝外，其余三边为净缝。

（7）扣眼位、插花眼位样版 扣眼位和插花眼位样版是在衣服做完后用来确定扣眼位置的，因此止口应该是净缝，扣眼做锥孔标记。标记宽比实际扣眼窄 0.2cm。

（8）袖衩扣眼位样版　用来确定袖衩扣眼位的样版。由于袖衩扣眼是假眼，在做袖前应先将扣眼锁好，因此样版的各边都是毛边。

六、推版

男西装主要控制部位档差见表5-3。

表5-3　男西装主要控制部位档差及代号（5·4系列）　　　　单位：cm

部位	档差	代号
衣长 L	2	L_0
胸围 B	4	B_0
肩宽 S	1.2	S_0
袖长 SL	1.5	SL_0
袖口 CW	1	CW_0

1. 男西装前片推版（见表5-4、图5-12、图5-13）

以胸围线为 X 轴，以前中心线为 Y 轴，确定关键点，各部位推档量和档差分配说明见表5-4。

表5-4　男西装前片推档部位计算　　　　单位：cm

部位	关键点	规格档差和部位档差计算公式	
		X 轴数值和方向	Y 轴数值和方向
领线	A	$X_A = B_0/10 = 0.4$；反向	$Y_A = B_0/5 = 0.8$；正向
	B	$X_B = X_A = 0.4$；反向	$Y_B = Y_A = 0.8$；正向
	C	$X_C = 0$	$Y_C = Y_A = 0.8$；正向
袖窿弧线	D	$X_D = S_0/2 = 0.6$；反向	$Y_D = B_0/5 = 0.8$；正向
	E	$X_E = B_0/6 = 0.67$；反向	$Y_E = (Y_D) \times (1/4) = 0.2$；正向
	F	$X_F = X_E = 0.67$；反向	$Y_F = 0$
腰	G	$X_G = X_F = 0.67$；反向	$Y_G = 号_0/4 - (Y_A) = 0.45$；反向
口袋	H	$X_H = X_F = 0.67$；反向	$Y_H = L_0 - Y_A - (L_0/3) = 0.53$；反向
	H1	$X_{H1} = X_F = 0.67$；反向	$Y_{H1} = L_0 - Y_A - (L_0/3) = 0.53$；反向
	H2	$X_{H2} = (1/2) X_L = 0.2$；反向	$Y_{H2} = L_0 - Y_A - (L_0/3) = 0.53$；反向
底线	I	$X_I = X_F = 0.67$；反向	$Y_I = Y_J = 1.2$；反向
	J	$X_J = 0$	$Y_J = L_0 - Y_A = 1.2$；反向
止口	K	$X_K = 0$	$Y_K = 号_0/4 - Y_A = 0.45$；反向
手巾袋	L	$X_L = B_0/10 = 0.4$；反向	$Y_L = 0$
腰省	M	$X_M = (1/2) X_L = 0.2$；反向	$Y_M = 0$
	N	$X_N = (1/2) X_L = 0.2$；反向	$Y_N = Y_G = 0.45$；反向
	N1	$X_{N1} = (1/2) X_L = 0.2$；反向	$Y_{N1} = Y_G = 0.45$；反向
	P	$X_P = (1/2) X_L = 0.2$；反向	$Y_P = Y_H = 0.53$；反向
	P1	$X_{P1} = (1/2) X_L = 0.2$；反向	$Y_{P1} = Y_H = 0.53$；反向

注：表中正向为扩大号型时的方向，若缩小号型，则方向相反。

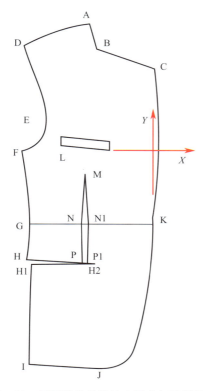
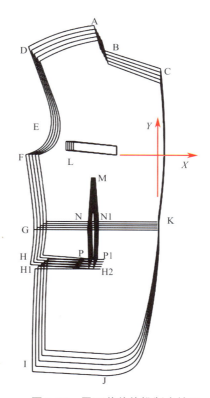

图5-12　男西装前片关键点及坐标轴设置　　　图5-13　男西装前片推版全档图

2. 男西装后片推版（见表5-5、图5-14、图5-15）

以胸围线为 X 轴，以后中心线为 Y 轴，确定关键点，各部位推档量和档差分配说明见表5-5。

表5-5　男西装后片推档部位计算　　　　　　　　　　　　　　　　　单位：cm

部位		关键点	规格档差和部位档差计算公式	
			X 轴数值和方向	Y 轴数值和方向
男西装后片	领线	A	$X_A = 0$	$Y_A = B_0/5 = 0.8$；正向
		B	$X_B = B_0/10 = 0.4$；正向	$Y_B = Y_A = 0.8$；正向
	袖窿弧线	C	$X_C = S_0/2 = 0.6$；正向	$Y_C = Y_A = 0.8$；正向
		D	$X_D = B_0/6 = 0.67$；正向	$Y_D =（1/3）Y_A = 0.27$；正向
	侧缝线	E	$X_E = X_D = 0.67$；正向	$Y_E = 0.15$，约 Y_D 点1/2；正向
		E1	$X_{E1} = X_D = 0.67$；正向	$Y_{E1} = 0$
		F	$X_F = X_D = 0.67$；正向	$Y_F = $ 号$_0/4 - Y_A = 0.45$；反向
		G	$X_G = X_D = 0.67$；正向	$Y_G = L_0 - Y_A = 1.2$；反向
	后中线	G1	$X_{G1} = 0$	$Y_{G1} = L_0 - Y_A = 1.2$；反向
		F1	$X_{F1} = 0$	$Y_{F1} = Y_F = 0.45$；反向

注：表中正向为扩大号型时的方向，若缩小号型，则方向相反。

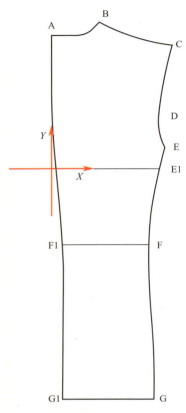
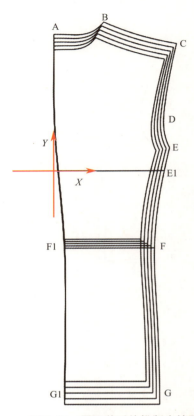

图5-14 男西装后片关键点及坐标轴设置　　图5-15 男西装后片推版全档图

3. 男西装腋下片推版（见表5-6、图5-16、图5-17）

以胸围线为 X 轴，以腋下片侧线为 Y 轴，确定关键点，各部位推档量和档差分配说明见表5-6。

表5-6　男西装腋下片推档部位计算　　　　　　　　　　　　单位：cm

部位		关键点	规格档差和部位档差计算公式	
			X 轴数值和方向	Y 轴数值和方向
男西装腋下片	袖窿线	O	$X_0 = 0$	$Y_0 = 0$
		T	$X_T = B_0/6 = 0.66$；反向	$Y_T = 0.15$，同后片E点；正向
	腰线	Q	$X_Q = 0$	$Y_Q = 号_0/4 - (B_0/5) = 0.45$；反向
		Q1	$X_{Q1} = X_T = 0.66$；反向	$Y_{Q1} = Y_Q = 0.45$；反向
	底线	R	$X_R = 0$	$Y_R = L_0 - (B_0/5) = 1.2$；反向
		R1	$X_{R1} = X_T = 0.66$；反向	$Y_{R1} = Y_R = 1.2$；反向

注：表中正向为扩大号型时的方向，若缩小号型，则方向相反。

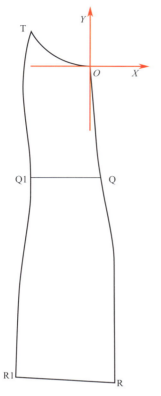
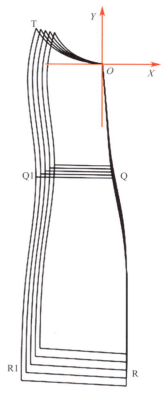

图 5-16　男西装腋下片关键点及坐标轴设置　　　图 5-17　男西装腋下片推版全档图

4. 男西装大袖片推版（见表5-7、图5-18、图5-19）

以袖山高线为 X 轴，以袖前侧线为 Y 轴，确定关键点，各部位推档量和档差分配说明见表 5-7。

表 5-7　男西装大袖片推档部位计算　　　　　　　　　　　　　　　单位：cm

部位		关键点	规格档差和部位档差计算公式	
			X 轴数值和方向	Y 轴数值和方向
男西装大袖片	袖山线	A	$X_A = X_C/2 = 0.4$；反向	$Y_A = B_0/6 = 0.67$；正向
		B	$X_B = X_C = 0.8$；反向	$Y_B = 2Y_A/3 = 0.44$；正向
	袖肥	C	$X_C = B_0/5 = 0.8$；反向	$Y_C = 0$
	袖口	D	$X_D = CW_0/2 = 0.5$；反向	$Y_D = SL_0 - (B_0/6) = 0.83$；反向
		E	$X_E = 0$	$Y_E = SL_0 - (B_0/6) = 0.83$；反向
	袖衩	D1	$X_{D1} = X_D = 0.5$；反向	$Y_{D1} = Y_D = 0.83$；反向
		D2	$X_{D2} = X_D = 0.5$；反向	$Y_{D2} = Y_D = 0.83$；反向

注：表中正向为扩大号型时的方向，若缩小号型，则方向相反。

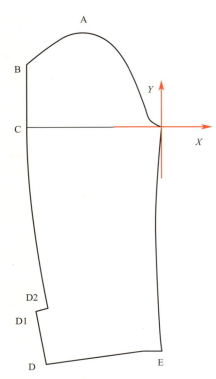
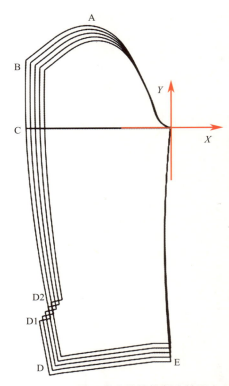

图5-18　男西装大袖片关键点及坐标轴设置　　　图5-19　男西装大袖片推版全档图

5. 男西装小袖片推版（见表5-8、图5-20、图5-21）

以袖山高线为 X 轴，以袖前侧线为 Y 轴，确定关键点，各部位推档量和档差分配说明见表5-8。

表5-8　男西装小袖片推档部位计算　　　　　　　　　　　　　　　　　　单位：cm

部位		关键点	规格档差和部位档差计算公式	
			X 轴数值和方向	Y 轴数值和方向
男西服小袖片	袖山	B	$X_B = X_C = 0.8$；反向	$Y_B = 2(B_0/5)/3 = 0.44$；正向
	袖肥	C	$X_C = B_0/5 = 0.8$；反向	$Y_C = 0$
	袖口	D	$X_D = CW_0/2 = 0.5$；反向	$Y_D = SL_0 - (B_0/6) = 0.83$；反向
		E	$X_E = 0$	$Y_E = SL_0 - (B_0/6) = 0.83$；反向
	袖衩	D1	$X_{D1} = X_D = 0.5$；反向	$Y_{D1} = Y_D = 0.83$；反向
		D2	$X_{D2} = X_D = 0.5$；反向	$Y_{D2} = Y_D = 0.83$；反向

注：表中正向为扩大号型时的方向，若缩小号型，则方向相反。

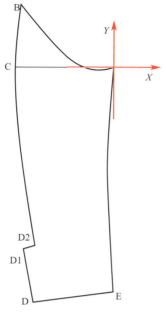
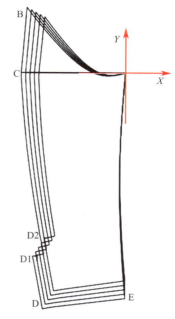

图5-20　男西装小袖片关键点及坐标轴设置　　　图5-21　男西装小袖片推版全档图

6. 男西装零部件推版（图5-22）

（1）领片　宽度不变，长度在后中和串口线上分别按每档"$B_0/10 = 0.4cm$"进行推档。

（2）袋盖、手巾袋、嵌线　宽度不变，长度按每档"$B_0/10 = 0.4cm$"进行推档。

（3）挂面　挂面宽度不变，下摆纵向推 1.2cm，领口纵向推 0.8cm。

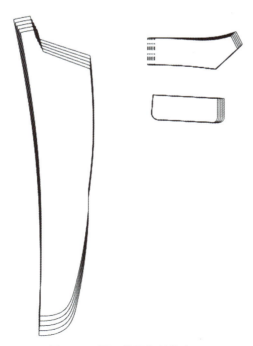

图5-22　男西装零部件推版图

案例链接 为旗袍而生！

图5-23 褚宏生

"我不辛苦，不忐忑，不亏欠我这一辈子，就是我最好的人生状态。"——褚宏生（图5-23）。

褚宏生扮靓了三个时代的女人，从二十世纪三四十年代的胡蝶、韩菁菁、宋美龄到董洁、刘雪华、孟庭苇，以及松井菜穗子、今井美树等国外艺人。他被后辈称为"海派旗袍活字典""最后的上海裁缝"，一辈子缝制了不下5000件的旗袍。

褚宏生生于1918年。在苏州长到13岁，他随家人到上海读书，父母给他选了个不会日晒雨淋的行当——裁缝。邻居见他顽皮好动，说他耐不得枯燥，早晚要跑回老家。他听了不服，硬是从"小裁缝"做到了"老裁缝"。

在褚宏生爸妈的印象中，当裁缝是一个"风吹不到，雨淋不着"的好去处。少年懵懂，他还没意识到：做一件旗袍，要吃那么多的苦。一件旗袍，要量衣长、袖长、前腰、后腰等20多个尺寸。制作一个小小的盘扣，就要三个小时。时令、年龄不同，旗袍上搭配的盘扣也不同。

自从师傅把一条皮尺搭在褚宏生的脖子上，褚宏生就开始了他的学艺生涯，从盘扣、缝边、开滚条斜边、熨烫，到为客人量身、设计、选定款式与试样。

从胡蝶那身轰动一时的"魔都上海·蕾丝旗袍"开始，褚宏生开始了他的传奇生涯。除了胡蝶，褚宏生还为很多大人物做过衣服，他是杜月笙家的常客。给王光美做过旗袍，使得许多外使夫人都慕名而来。那时没有机器，全靠手工做，一件普通的旗袍最快也要做上一个星期，带绣花的至少要3个月。20世纪70年代，许多店铺开始用缝纫机给客人做旗袍，制作的时间大大加快。但是，褚宏生却手工制作，"机器裁出来的衣服硬邦邦的，体现不出女性柔美的气质，人手才能缝出圆润的感觉。"这是一个手艺人近乎笨拙和执拗地坚持，也是他热爱事业的完美体现。

褚宏生，是最懂旗袍的男人。在这个成衣泛滥的年代，依然保护着一针一线的温度。

思考

1. 你认为褚宏生为什么会坚持做旗袍？
2. 结合自己实际情况，谈谈你的想法？

任务拓展

根据提供男西装的母版，自主设计档差和坐标轴，进行男衬衫工业推版（扩大和缩小各一号），见图5-24。

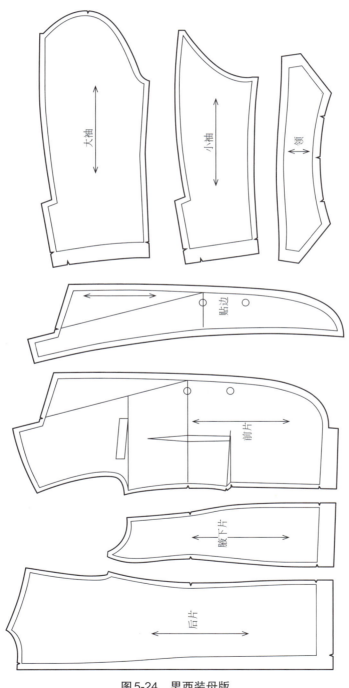

图5-24 男西装母版

实训项目	休闲西装工业推版			
实训目的	1.能够看懂款式图，正确地分析款式特点。 2.能够设计制作休闲西装的母版。 3.能够运用所学知识，进行休闲西装工业推版，达到举一反三			
项目要求	选做	必做	是否分组	每组人数
实训时间		实训学时		学分
实训地点		实训形式		
实训内容	某服装公司技术科接到生产任务单，经过整理如图5-25、表5-9所示，请根据提供材料进行服装工业推版。  图5-25 休闲西装 表5-9 休闲西装成品规格表　　　　　　　　　单位：cm 	部位	号型					档差
---	---	---	---	---	---	---
	160/80A XS	165/84A S	170/88A M	175/92A L	180/96A XL	
衣长L	66	68	70	72	74	2
胸围B	100	104	108	112	116	4
肩宽S	43.6	44.8	46	47.2	48.4	1.2
袖长SL	55	56.5	58	59.5	61	1.5
袖口CW	26	27	28	29	30	1				

续表

实训材料	打版纸、拷贝纸
实训步骤及要求	评分标准及分值
1.实物款式图和成品规格表的分析 要求：对款式特点、规格进行分析	对款式的分析、定位准确，不符酌情扣5～20分。分值：20分
2.母版设计 要求：根据分析，进行结构制图和结构设计。结构设计与实物一致合理，母版数量齐全，样版线条流畅	版型结构合理，比例正确，不符酌情扣5～30分。 样版（或裁片）数量齐全，缺一处扣1分，扣完为止。 各缝合部位对应关系合理，一处不符合扣1分，扣完为止。 各部位线条顺直、清晰、干净、规范，不符处酌情扣1分，扣完为止。 分值：30分
3.毛版设计 要求：样版分割合理，缝份准确。样版文字标记和定位标记准确	各部位放缝准确，一处不符合扣1分，扣完为止。 样版文字说明清楚，用料丝缕正确，一处不符合扣1分，扣完为止。 定位标记准确、无遗漏，一处不符合扣1分，扣完为止。 分值：20分
4.推版 要求：推版公共线选取合理，关键点准确，计算准确，绘制标准	推版计算合理，一处不符合扣1分，扣完为止。 分值：30分
学生评价	
教师评价	
企业评价	

存在的主要问题：

收获与总结：

今后改进、提高的情况：

任务五

男西装工业推版

126

存在的主要问题：

收获与总结：

今后改进、提高的情况：

第一模块　服装工业推版

第二模块

服装工业制版

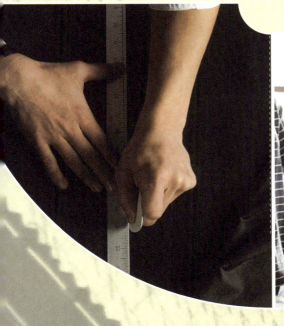

第二模块 服装工业制版

任务六

根据实物进行服装工业制版

学习目标

知识 1.了解服装工业制版的流程。
2.掌握成衣测量方法。
3.掌握工艺文件编制方法。

技能 1.能够分析实物样衣的相关要素。
2.能根据实物进行服装工业制版。
3.能够应用和编制生产工艺单。

素质 1.培养学生吃苦耐劳的品质。
2.培养学生高度的责任感和严谨细致的工作作风。
3.培养学生的团队合作意识。
4.培养学生自主学习、自主探究的能力。

任务描述

本任务主要是以服装样衣实物为载体，学生独立完成任务。学习对实物样衣的全面技术分析，包括款式结构分析、工艺分析和生产工序分析等。通过对服装样衣的各个部位进行测量获得相关规格尺寸，进行服装母版制图、推版。对样衣进行工艺和工序设计，编制生产工艺单。以四开身女衬衫为样衣载体，学生独立完成分析款式结构和工艺特点，通过测量获得制图数据并设计系列样版规格，绘制母版并推版，编制女衬衫生产工艺单，填写任务书。能够举一反三，完成其他款式样衣的工业制版。

任务要求

1.学生准备好制图工具。
2.学生准备一件四开身上衣，用于推版实践。
3.教师引导学生共同分析订单款式图，包括款式分析、结构分析、工艺分析和成品规格分析。
4.准备任务书，用于学生独立完成任务时使用。

知识点一
服装工业制版流程

一、服装技术资料的准备

首先对服装产品的订单或工艺文件、产品的技术标准、缝制工艺与操作规程、原辅材料的质地与性能、服装效果图、服装生产图、样衣实物、规格尺寸等进行广泛的收集和严格仔细的解读分析并做好分析记录。

二、服装材料性能分析

服装材料是服装的载体，只有对服装材料的质地性能和相应的数据指标分析透彻并掌握，才能很好地利用服装材料完成服装的生产任务，使服装获得最佳的服用功能和市场效益。

1. 原辅材料服装性能与工艺要求

（1）缩水率　织物的缩水率主要取决于纤维的特性、织物的组织结构、织物的厚度等。织物经纱方向的缩水率比纬纱方向要大。工业制版前要对织物的缩水率进行测试。缩水率用 S 表示，测试前后织物的长度分别为 L_1 和 L_2，则 $S=(L_1-L_2)/L_1 \times 100\%$。实际用料长度计算方法为：$L=L_1/(1-S)$。如长100cm，缩水率为5%，则制版时长度 $L=100/(1-5\%)=105.26$cm。

（2）热缩率　织物的热缩率与缩水率相似，主要取决于纤维的特性、织物的密度、织物的后整理和熨烫温度，大多数情况下，经纱方向的热缩率比纬纱方向的大。织物试样的热缩率如下表示：

$$R=(L_1-L_2)/L_1 \times 100\%$$

式中，R 为试样经纬方向的尺寸变化率，%；L_1 为试样熨烫前的标记间的平均距离，cm；L_2 为试样熨烫后的标记间的平均距离，cm。

R 可正可负，当 $R>0$ 时表示织物收缩，当 $R<0$ 时表示织物伸长。

2. 服装辅料分析与确认

（1）里料　用于制作里子的服装材料，种类有绸里、绒里和皮里等，其成分有纯棉、涤棉、化纤和裘皮等。

（2）衬料　为使服装挺括有型，要使用衬料。按照结构可分为有纺衬和无纺衬，有纺衬又分为针织和梭织两种。比如常见的黏合衬就是在梭织针织和无纺衬料的基布上涂、浇或撒上黏合剂，通过加热与服装材料黏合。

（3）填充料　填充料是放在面料和里料之间的起支撑或保暖作用的材料，根据其形态分为絮类和材类。絮类没有固定的形状，比较松散，如棉花、丝绵、驼毛和羽绒等。材类相对于絮类比较有形，如氨纶、涤纶、腈纶定型棉、中空棉和泡沫塑料等。

（4）纽扣类　纽扣有金属类，如铜、铁、不锈钢、银等。非金属类如竹木扣、布结扣、皮革扣、骨角扣等。拉链的作用与纽扣的作用相似，按照拉链的结构和使用方式可分为闭口型、开口型和双头开口型三种。闭口型拉链只能一端拉开，另一端固定，主要应用于袋口和开衩等处。开口型拉链一端安装插座，可以将拉链的一头同时插入插座后通过拉链头开启和闭合，主要用于门襟处。双开头拉链安装两个拉链头，可以灵活开闭，主要用于门襟处，适合较长款服装，如长羽绒服、特殊工装和连衣裤等。

（5）缝纫线　按照缝纫线的材料可以分为棉线、丝线、涤纶线、涤棉线等。按照缝纫方式可分为手缝线和机缝线。另外还有装饰线、特种线、带类等，如装饰作用的金丝线、牛仔裤的明线、织带及松紧带等。

对于里料，主要测试缩水率、耐热度和色牢度；衬料测试缩水率和黏合牢度；填充料主要测试重量、厚度，羽绒需测含绒量、蓬松度、耗氧指数等；纽扣主要测试色牢度和耐热度，金属扣测防锈能力；拉链主要测试滑度、强度、马带缩率和强度等。对于辅料的测试要严格规范，参照生产厂的技术标准。测试后要书写测试报告。

三、服装工业制版与成衣号型系列规格

根据客户提供的样衣或图片设计母版的服装制图规格，并设计规格档差，从而设计系列化规格尺寸。也可以自行设计服装规格。

四、服装结构制图

根据母版的制图规格进行结构制图，结构图要与客户提供的样衣、图片的款式结构相吻合，对于自行设计的服装产品，结构要合理。

五、服装结构图的审核

审核结构图的内容主要包括与样品的结构是否吻合、规格是否吻合、细部造型是否吻合、结构线是否完整合理等。

六、服装纸样制作

结构图审核后，可以制作裁剪样版和工艺样版，包括面料、里料和衬料的裁剪样版和缝制用的工艺样版。

七、样衣制作

根据客户提供的样衣、图片或客户的要求以及自行设计工艺，进行样衣制作。制作样衣过程中对工艺和工序做好记录，为大货生产提供技术资料。

八、分析确认样衣并修改纸样

样衣制作完成后，与客户提供的样衣、图片进行比对，试穿分析，找出规格和版型结构方面存在的问题并做好记录，对样版进行修正，解决样衣中存在的问题。如果需要，修版后可以再次裁剪制作样衣，并进行纸样修改确认。

九、推版

在修改后的样版基础上进行推版。推版时考虑量和型的矛盾统一，推版结果可以

是单个号的样版，也可以是推版全档图。

十、服装工业样版制作

样版包括面料样版、里料样版、衬料样版、工艺样版，样版上需要文字和定位标记，最后要对样版进行全面的检查复合。

十一、服装生产工艺文件编写

规范工艺文件的格式，体现行业和企业技术标准，编写适合指导服装生产的制版、裁剪、缝制和后整理等多个生产环节和工序的技术文件。

十二、技术资料审核并保管

一个产品生产完成后，对相应的技术资料，如样版、工艺文件等要进行审核并妥善保管，保管部门可以是技术科、板房等。

知识点二

成衣测量方法

测量样衣主要是指通过对样衣主要部位的长度、围度、宽度以及其他部位的结构尺寸的测量，获得样衣的制图尺寸，再按照样衣的款式、结构、工艺等特点进行结构制图。由于样衣是立体的，在测量时要将测量部位摆放平整、丝缕归正。对样衣的弧线及倾斜部位，如领口弧线、袖窿弧线、肩斜线等，要仔细观察每根丝缕的走向，从而得到准确的测量数据。

对所绘制的样衣结构图，要与样衣进行认真的校对，除了主要控制部位的尺寸要与样衣相符，其他非控制部位，如袖窿弧长、侧缝长、袖底缝长、胸宽、背宽等，也要与样衣相符。

一、触摸翻看样衣，感受风格

感受样衣风格是根据样衣制版工作的前提要求，只有用心体会、感受，才能在制版与打样时保持样衣原有的风格特色，把握样衣的精神实质。

二、了解面辅料性能，分析样衣结构

通过样衣对面辅料性能进行了解，相对而言较为直观，尤其是对于常规材料，只需常规处理即可；但对于新型材料，应认真把握，仔细研究，直至掌握其性能特点。分析样衣结构特点，如是否为平面的结构构成还是为立体的结构构成，其结构构成的合理性如何等，同时分析各衣片的面料丝缕，为后续的工业制版提供技术支撑。

三、了解样衣成衣制作工艺与方法

直接观察样衣的成衣制作方法，各部位的缝型，缝份大小情况；对于隐蔽部分可拆开分析，尤其要注意服装的用衬部位，了解衬的类型、大小、使用情况，服装面里料吻合方法，商标、尺码、洗唛所钉位置等。

四、测量样衣各部位规格数据，进行系列规格设计

对样衣各部位的测量是按样衣制版过程中的关键性环节，尽管在进行测量时手法多、弹性较大，但应根据常规要求在不拉曳、不松紧的情景下测量。

对于有订单的类型，应根据订单的指示，通过测量样衣进行规格数据的比对，发现问题应及时沟通。对于无订单只有样衣的类型，制版师的测量手法与测量要求便会成为生产工艺文件中的一种工艺规定，因此必须认真慎重对待。测量后对相关数据进行分析理解，着手进行成衣系列规格设计，包括主要部位与次要部位规格设计两个方面，经客户确认后方可成为样版推档放缩的数据源。

知识点三
实物样品工业制版要求

按照实物样衣进行工业制版，除了前面叙述的要提前对样衣进行仔细的分析研究，还要对制作的样版与样衣进行仔细的校对，凡是与样品不符合的部位，要以样衣的结构和尺寸为依据进行修改，直到二者完全相符为止。

客户有时要求服装加工企业对自己所提供的样品进行完全的复制，不许有任何的变动；有时也要求对样品的一部分进行复制，而对另一部分可以按客户的要求进行适当的修改。所以按照样衣制版只是对样衣的复制，或者按照客户的要求进行局部更改，无需进行创新设计。

样衣制作是对按照样衣制作的样版的最好矫正方式。通过"分析—测量—制版—制作样衣—修版—样衣再制作—修改确认样版—推版—样版制作"的过程是按照样衣进行工业制版的基本工作要求。

知识点四
工艺文件编制

一、服装工艺文件的概念

（1）工艺可以简单地理解为生产加工的方法，也就是劳动者利用生产工具对各种原料、半成品进行加工或处理使其改变现状、成分、性能、作用而成为产品的方法。

（2）工艺文件是对加工过的产品或零部件规定加工的步骤和加工方法进行指导的文件，是企业劳动组织、工艺装备、原材料供应等工作的技术依据。

（3）服装工艺文件是专门指导服装生产的一项最重要、最基本的技术文件，它反

映了服装生产过程的全部技术要求，是指导服装加工和工人操作的技术法规，是贯彻和执行生产工艺的重要手段，是服装质量检查及验收的主要依据。

二、服装工艺文件的种类

1. 合约工艺文件

合约工艺文件制定的主体是贸易部门或客户。贸易部门或客户根据自己的需要向服装生产企业或生产部门下达的和约工艺文件（订单），重点布置服装生产企业或生产部门需要做到的有关服装生产的各项要求以及必须达到的技术指标（生产加工式工艺文件）。一般情况下，这一类工艺文件没有具体阐述工艺技术与操作技法，只是在宏观上对服装的生产提出主要要求。

2. 专用工艺文件

专用工艺文件制定的主体是服装生产企业。服装生产企业根据客户下发的约定式工艺文件（订单），为了能按质、按量、准时履约，在企业内部统一工艺操作，组织工艺流程而设计的生产工艺文件。这类工艺文件非常具体，针对性比较强，要求具体，内容详细，可以专门为完成某一客户的合约，或和约中的不同产品而专门制定。

3. 基础工艺文件

基础工艺文件制定的主体还是服装生产企业，具体地说应该是服装生产企业的技术部门。基础工艺文件是服装生产企业的内部技术文件，是技术部门按照相应服装产品的国家技术标准、法规，结合本企业生产实际，如生产设备、生产水平、生产规模、生产经验等，针对某一具体服装品种的全部生产工艺而制定的生产性工艺文件。例如，针对裙装、男女西裤、男女西服、男女衬衫、茄克衫等具体产品的全部生产工艺方法。基础工艺文件是生产工人上岗前必须培训的基本教材和从事生产必须具备的基本技能，是企业完成第一、第二种工艺文件的基本保证。

三、服装生产工艺文件的内容

服装生产工艺文件的内容根据服装各个生产工序的生产任务不同可以分为以下几种。

1. 样版制作工艺文件

样版制作是服装生产的基础，也是服装生产的技术保证。样版制作工艺文件要将样版制作的方法和技术要求进行简明扼要的说明，包括产品的款式结构、号型规格、工艺方法、样版的种类和数量、推档的依据以及制版时要考虑的服装面辅材料的性能指标等内容。

2. 服装排料、裁剪工艺文件

排料是服装生产的前期工序，它直接关系到服装的质量和企业的经济效益。排料工艺文件主要包括一级排料图、额定单耗、面辅材料的规格、色号，排料的技术质量要求和最佳的裁剪方法等内容，也可以直接配上铺料分床设计方案和二级排料缩样图。

3. 服装缝制工艺文件

缝制工艺文件也叫工艺单，是指导服装缝制工艺流程的重要文件，它包括产品由裁片到成品的各个工序的生产技术方法和要求，主要包括产品规格、缝制技术质量要求、缝制的顺序和方法、配件的缝制部位、整理熨烫等内容。

4. 服装质量检验工艺文件

服装质量检验工艺文件是服装质量检验的依据，它主要包括服装的规格检验标准、服装各主要受控部位的测量方法、面辅材料使用检验标准、缝制检验标准、后整理检验标准等内容。

5. 服装包装工艺文件

服装包装是服装生产的最后工序，是服装成功输出的重要保证。为了使服装在输出过程中保持整理后的最佳状态，包装工艺文件要对服装包装进行严格要求。包装工艺文件主要包括服装的折叠方法和尺寸，标签的吊挂位置，包装袋、包装箱的种类和规格，装箱的件数等内容。

四、服装工艺文件的编制

服装工艺文件是根据服装生产工艺方案和有关技术资料等编制的，是对服装加工方法、步骤过程等进行指导的技术文件，是企业劳动组织、工艺装备、原材料供应等工作的技术依据。其主要资料有：产品订货要求、效果图及结构制图、技术标准；机器设备明细表；生产计划和投入本批生产计划；工人技术水平；原料、辅料供应情况；新技术、新工艺项目的实施和鉴定情况；已经达到和计划达到的各项技术经济指标以及其他有关技术文件等。

1. 编制工艺文件的依据与要求

（1）客户提供的实物样品、图片、图纸及相关的文字说明。
（2）合同或订单指定的服装号型、规格、款式及生产批量等。
（3）本企业现有的技术设备和技术水平。
（4）销售地区的经济水平、文化特点等。
（5）产品的技术标准。
（6）样品试制记录及相应的客户修改意见。
（7）面辅材料的性能检验和测试报告。
（8）面辅材料确认样卡。

2. 编制工艺文件的具体要求

（1）工艺文件的完整性　主要是指文件内容的完整，它必须是全面的和全过程的，主要有裁剪、缝纫工艺、锁钉工艺和整烫、包装等工艺的全部规定。

（2）工艺文件的准确性　作为工艺文件必须准确无误，不能模棱两可、含糊不清。准确性主要包括：图文并茂，一目了然；措辞准确、严密，逻辑严谨；术语统一。

（3）工艺文件的适应性　制定工艺文件必须符合市场经济及本企业实际生产情况。脱离实际的工艺文件，是难以取得预期效果的。适应性的内容有：工艺文件要与我国技术政策及国家颁发的服装标准规定的要求相适应；工艺文件要与产品销售地区的风土人情及生活习惯相适应；工艺文件要与本产品的繁简程度、批量大小、交货日期、现有的专用设备及通用设备条件、工人技术熟练程度、生产场地、生产环境以及生产能力等相适应。

（4）工艺文件的可操作性　工艺文件的制订必须以确认样的生产工艺及最后鉴定意见为生产工艺的依据。文件应具有可操作性和先进性，未经实验的原辅材料及操作方法，均不可以轻易列入工艺文件。

3. 工艺文件编制的内容与方法

工艺文件根据其必须具备完整性、准确性、适应性及可操作性的要求，主要编制内容与方法如下。

（1）工艺文件的适用范围　为避免工艺文件用错，工艺文本必须详细说明本工艺文件适用于产品款式的全称、型号、色号、规格、销售地区、合约及订货单编号等。

（2）产品概述　产品概述包括：产品外形、产品结构、产品特征以及主要原辅材料等方面的简介。

（3）产品效果图（服装平面款式图）　产品效果图是指导各车间制作的样本，为此要求十分严谨、求实，不仅比例要协调合理，而且要求各部位的标志也要准确无误，每根线条的长短、宽窄的比例、位置都要与实样相符。所以，效果图不宜用时装画稿代替，以免由于认识上的差异造成差错。正确的效果图应该是规范的、端正的，有正、背、侧、内视效果图，复杂的部位或关键工序还应该配解剖图。

（4）制作裁剪样版　制作裁剪样版是服装工业制版的主要内容，包括留做存档的净样版；用作裁剪的毛样版，即裁剪样版；用作缝制的工艺样版等。

（5）产品规格与测量方法及允许误差

① 产品规格　如果是客户提供规格的，应严格按照客户的规格编制工艺文件；客户没有提供的或自产经营产品的规格可以自行设计。

② 测量方法　不同的地区有不同的测量方法，例如袖长的测量方法就有三种：从袖山头与肩缝交接点量至袖口，这是一种常用的方法；从领下口肩缝处量至袖口的测量方法；从后领下口中缝量至袖口处。又例如量衣长，也有三种量法：有从前衣片肩部顶端量至下衣边；也有把前后衣片互相借平后从肩折缝顶端量至下衣边；还有从后领下口中缝处量至下衣边等。

③ 允许误差（＋/−公差）　客户有要求的，要严格按照客户要求掌握；客户没有要求的，可以根据国家标准掌握。

（6）定额用料　在样版制作完毕以后，技术科应设专人进行排料，得到的排料图称一级排料图，按此计算出的用料称该批产品的定额用料。在裁剪车间经过精密套排画出的排料图，称为二级排料图。按二级排料图计算出的用料称实际用料。一般情况下，实际用料应小于定额用料。

（7）熨烫部位及允许承受的最高温度　在编制工艺文件时，对需要熨烫的部位，必须写明，并配以相适应的熨烫工具设备。同时，工艺文件还应根据测试报告规定允许熨烫的最高温度，以免发生烫黄现象。

（8）工夹模具及专用设备的使用规定　为了提高生产工效，确保产品质量，工艺文件有必要规定使用统一的工夹模具及专用设备，工夹模具在发放前要经过严格检测和校试，未经检测合格的工夹模具不得投入使用。一批任务完成后应及时收回，以免发生差错。

（9）原辅材料的品种、规格、数量、颜色等规定　工艺文件对所指导的产品品种、规格、数量、颜色等应与合同单相符，并与原辅材料样卡相核对，确认无误，才准投入使用。编写工艺文件时，对原辅材料的使用应有详细的说明。

（10）有关裁剪方法的规定　由于产品款式结构、原料花形图案及门幅的不同，技术部门可以在众多的操作工艺中选择省时、省料的比较合理的裁剪操作工艺。就铺料方式可归纳为以下四种工艺：来回对合铺料方式、单层一个面向铺料方式、冲断翻身对合铺料方式、双幅对折铺料方式。这四种铺料方式的选用，是同排版排料的方式结合在一起的。

（11）产品折叠、搭配及包装方法　工艺文件必须写明产品的折叠形状和长与宽的折叠尺寸。例如西裤，有的客户规定要对折，有的客户规定要三折，所以折叠必须按照客户要求办理，而且包装方法要有统一规定，大小包装要相符合。

（12）有关部件及缝制方法的规定　工艺文件必须提出具体缝制要求，必要时要配图示说明。比如对于筒裙的后开气的缝制，要规定开气的粘衬方法、倒向与折边的处理方法、面与里子的缝合方法等。

（13）配件及标记的有关规定　工艺文件应严格规定本产品采用的商标、号型、尺码、织带、成分带及洗涤说明等标志，并要规定使用方法及缝、挂的位置。

（14）产品各工序的技术要求　要求整件产品符合技术标准，那么在生产时就要求每道工序都要严格掌握技术要求。如男衬衫衣领的具体缝制要求，领面和领底的窝势，翻领和领座间的吃势，缉明线位置和线迹等。

（15）缝纫型式与针距密度　由于缝纫技术的发展，新工艺、新技术、新设备的应用，缝纫型式也有很大的发展，缝纫技术指导仅依靠口语或文字说明很难确切表达，为此，国家发布了FZ/T 80003—2006《纺织品与服装缝纫型式分类》行业标准，对各种缝纫型式的示意图作了统一规定，在编写工艺文件时应认真执行。

（16）工艺流程中工序的编排与工时定额分配要求

① 工序的编排要求　工序的编排要紧凑、合理，工序间要配合紧密，相互促进，流程顺畅，工序间没有催、等、返现象的，整个工序的安排就是合理的，对提高生产效率也是有重要意义的。

② 工时定额分配要求　技术科对于每道生产工序，要科学计算和规定其工时，称为额定工时，实际生产工时要不多于额定工时。

4. 工艺文件的执行与检查

工艺文件是组织、指挥生产的重要文件，是统一操作规范的技术法规，是提高产品质量的可靠保证。为了使全体操作员工领会产品设计意图，理解工艺操作要求，掌握工艺操作方法，必须对生产本产品有关的全体员工进行工艺教育。

（1）工艺文件的执行与变更　工艺文件必须以公文形式编号，签发下达到车间、班组，使整个工程的每个部门都掌握本产品生产操作要求，明确本岗位的技术责任。在下达工艺文件的同时，还需要向所有员工口头解说工艺文件的每项细则。组织听课时，还需要做好出席考核，以免遗漏，使每个员工都能理解工艺要求。

下达以后的工艺文件必须认真执行，车间工艺员应加强对生产工人的技术辅导，根据工艺要求严格检查每道工序的操作。对所有操作员工随时抽查提问，衡量其对工艺文件的掌握程度，凡是没有掌握本产品操作工艺要求的员工不能上岗操作，凡是不符合工艺操作要求的应立即停止生产。同时，应及时补课进行工艺教育，直至完全理解为止。

工艺文件作为企业技术法规，一经批准发布，不得随意更改，企业所有部门必须严格遵守，认真执行。如遇下列情况，可以通过规定手续变更：

① 在产品制作过程中，订货单位提出合理的且可行的变更要求。
② 原辅材料供应突然中断，或发生了不可抗拒的原因。
③ 有先进、科学合理的，省工、省时、省料的合理化工艺建议。
④ 在工艺执行过程中发现影响产品质量的工艺方法，需要及时改进。

工艺文件变更需要经过主管厂长的批准，由工艺文件起草部门原经办人员执行变更手续，并通报所有有关部门和个人。来自各方面的变更单及所有变更文件必须连同工艺文件保存在企业科技档案内备查。工艺文件解说权归由技术科统一回答，企业任何部门和个人均不得随意解说，曲解原意。

（2）工艺纪律检查　生产正常运转以后，对工艺文件的执行丝毫不能放松，要防止在生产运转过程中工艺文件走样，影响产品质量或脱期交货造成企业的经济损失。为此，在产品投产以后直至产品包装入库为止，必须依据工艺文件要求，做全面的工艺纪律检查。主要内容包括：

① 工艺文件、工艺卡是否正确分配到位。
② 原辅材料的品种、型号、规格、颜色、质量及使用部位是否正确，坚决做到不合格的原辅料不准许投产。
③ 专用设备、工夹模具的数量、种类、准确性及使用效果是否正常。
④ 工艺操作方法和操作程序以及各部位缝型、缝头大小等是否达到规定的要求。
⑤ 生产工人技术水平和生产能力是否能达到工艺文件规定的要求。
⑥ 全过程工艺流程和车间生产工艺流程的组织形式是否合理。

五、服装生产工艺文件的编写格式

为了使服装工艺文件严格规范、使用方便，常将工艺文件制定合理规范的格式，格式大致可以分以下几个方面。

1. 封面

工艺文件的封面设计要醒目、扼要。根据封面内容的主次安排好顺序、层次、字体的大小，使封面内容重点突出，详略得当；封面一般为专业固定格式，主要内容包括：

（1）款号、合约号、销售地区、产品生产数量；
（2）产品平面款式图（正、背面）；
（3）制版人、工艺编制人、审核人；
（4）生产企业名称；
（5）工艺文件编制的日期。

2. 首页

工艺文件的内容涉及服装生产的各个部门，为了使各部门很快查找到与自己有关的工艺文件，首页要将工艺文件的主要内容设计成目录。以主要生产工序或部门做大标题，以主要生产内容做小标题，并注明大小标题对应的页码。

3. 正文

正文是服装工艺文件的核心，要把产品的所有生产要求涵盖在内。

（1）规格表

① 成品系列主要规格表（大规格） 成品的主要规格一般是指主要部位的规格，如男衬衫的衣长、胸围、领围、肩宽、袖长。

② 成品系列细部规格表（小规格） 成品的细部规格一般是指成品的次要部位的尺寸，如男衬衫的袖窿弧长、袖口、下摆的长度、侧缝的长度、领面的宽度、领座的高度等。

③ 成品服装部位测量方法与要求 正常方法一般在成品规格表中说明，非正常方法应加以特别说明，一般以图文并茂的方法或形式给出。

（2）原辅材料表（见表6-1）

表6-1 原辅材料明细

| 合约号_____ | 客户_____ | 销往_____ |
| 订单号_____ | 款号_____ | 数量_____ |

主要用料（附样）	其他用料	
	名称	规　格
面料		
里料		
衬料	商标	小商标
		材料标签
备注	吊牌	尺码标

出样：　　审核：　　主管：　　填表：　　日期：

① 原材料耗用及搭配表 原材料是指服装的主要用料，一般指面料。原材料耗用是一件服装产品的用料，也称单耗。有时一件产品要搭配两种以上的原材料，或面料不同，或颜色不同，可以用搭配表说明。

② 辅助材料耗用及搭配表 辅助材料是指主要用料以外的其他服装材料，一般指里料、衬料、垫肩、缝线、兜布、扣子、商标、吊牌等。辅助材料相对较多、零碎，为了不遗漏，可以用搭配表说明。有时为了使服装的各种用料一目了然，常将原辅材料的耗用及搭配用同一个表给出。

（3）样版使用说明

① 裁剪样版使用说明　面、里、衬样版的使用方法，包括排版的数量、纱向、方向、对称与否等。

② 工艺样版使用说明　兜、领、袢等工艺样版的使用方法，包括毛版、净版、画样版、扣烫板等。

③ 其他说明　对于需要特殊说明使用情况，要另外说明。如衬的样版是否与面料的样版相同，小部件是否正常排料，里子吊条的规格和裁剪方法等。

（4）裁剪工艺说明

① 原辅料性能情况　对于正常和特殊的原辅材料的性能要说明，并对裁剪提出要求。如原辅材料是否有倒顺向、条格、文字正方向、弹性、缩水性、热缩性等。

② 排料要求与特点　排料时样版排列要紧密、丝缕顺直。

③ 排料图与分床方案设计　裁剪工人要在一级排料图的基础上经过反复实践得到节约省料、合理高效的排料图，即二级排料图，并设计分床方案。

④ 铺料要求　根据服装材料的特点和分床设计方案的要求，要规定铺料的具体要求和方法，如是来回对合铺料，还是单层一个面向铺料等。

⑤ 开裁要求　开裁前要做好核对，并按照规定裁剪。裁剪人员要核对合同编号、规格、款式、生产数量、原辅材料的等级及性能、样版的数量及规格、铺料的长度及层数等。发现任何与裁剪工艺单要求不符的，不允许裁剪。

⑥ 分包与打号要求　为保证同一件服装没有色差，将检验好的裁片按照一定要求逐层逐片打号，同一件服装裁片的号码要一致。为了提高缝制效率，要将裁片分批、分组打包，再分配到相应的缝制车间和班组。

⑦ 粘衬要求　粘衬的部位、粘衬的种类和丝向、粘衬时的温度、粘衬的设备、压烫的方法要说明。

⑧ 辅料裁剪要求　辅料裁剪的画样要求、丝向要求以及零碎料的利用等要说明。

⑨ 各工序质量控制与劳动定额情况　每道工序都要有严格的质量控制标准，如绱袖质量标准。每道工序的劳动定额，如绱一只袖子的时间，在工艺文件里都要说明。

（5）缝制工艺说明

① 缝制工具、针距、线迹、基本缝型要求。

② 缝制工序流畅的编排。

③ 粘衬部位与要求。

④ 中烫、半成品锁定要求。

⑤ 工艺样版使用部位及方法。

⑥ 辅助工具与专用设备使用情况。

⑦ 商标、尺码、各种唛份及标记缝制部位。

⑧ 各主要工序的基本方法与要求。

a. 零部件　主要包括兜、袢、装饰物等的制作与质量要求。如男西裤后兜是双开线的，可以有几种制作方法，工艺文件要明确其制作方法，以免因制作方法的不统一而影响生产效率。

b. 前身　包括前身的整体制作要求，如兜的位置与缝制要求、前身的归拔要求、面与里子的缝合要求、熨烫要求、里子清剪要求等。

c. 后身　包括整个后身的制作，如对于公主线分割的女上衣，各个分割片的缝合、熨烫要求等。

d. 袖身　包括袖口的制作、零部件的缝合、面与袖里的组合、袖山的抽聚、袖口的里子做势、袖山里子的清剪方法等。

e. 领子　包括领面、领底的粘衬方法与要求，领面与领底缝合以及窝势要求，装领的要求等。

f. 里子　包括里子与面的里外匀要求、面与里子的缝合、拴吊位置和方法，如前后身、袖子的里子清剪的方法与要求等。

g. 拼合　包括各个服装构件的自身组合，如男衬衫衣领由翻领和领座两部分构成，翻领又是由面和底两部分构成；领座也是由面和底两部分构成。先制作翻领，再制作领座，最后将两部分组合起来，工艺文件要将每一部分的缝制方法和要求说明清楚，必要的话可以附图说明。

h. 总装　是指服装各个主要构件之间的组装方法和要求，如合肩缝、合侧缝、装领、装袖、勾下摆等。总装不仅要重点说明缝制的顺序，还要强调缝制的质量要求。

i. 其它　对于特殊的服装款式或缝制方法，要特殊说明。

（6）后整理工艺说明

① 锁钉工艺要求　包括锁眼的位置、大小、形状；锁眼线的种类；钉扣的方法，如线的来回次数，打线结的方法等。

② 整烫包装工艺要求

a. 整烫包括整理和熨烫，整理主要指清理成品上的活线毛、死线毛、污渍等。熨烫主要指对成品进行整体熨烫，如对领、袖、前后身、里子的熨烫以及所有褶皱部位的熨烫，使成品平、服、直、圆、挺、满、薄、松、匀、窝等。

b. 包装要科学，保证产品送到消费者手中时能够最大限度地保持整烫时的效果，还可以将包装的外观进行设计，提升产品的档次，刺激消费者的购买欲望。

（7）装箱与储运说明

① 装箱搭配　根据产品的重量、厚度、衣料的性能等特点，合理安排装箱的数量、方法、不同规格的搭配等。

② 装箱要求　装箱的原则是既保证不损坏产品、不破坏产品的外观，还要保证装箱的件数，提高包装箱的利用率。

（8）其他流水安排与工序额定说明

一、款式分析

图 6-1 是一款修身女衬衫。衣身为四开身结构，圆下摆。前片设胸省和腰省，外翻前门襟，里襟内翻并钉七粒扣，左前身胸部印花图案；后身设腰省和过肩。平装一片袖，设袖克夫和袖开衩。衣领为分体立翻领。整体外形收腰合体。

图 6-1 女衬衫款式

二、面料测试

本款女衬衫采用纯白色的纯棉高织纱面料,透气性好,穿着舒适。由于是纯棉面料,制版时需要考虑面料的缩水性。通过对本款女衬衫所用的面料进行研究分析,并采购相似面料进行缩水实验,浸泡 6h 后晾干,确认面料的经向缩水率为 3%～4%,纬向缩水率为 1%～2%。

三、规格设计

本款女衬衫的制图规格完全来自对样衣的测量。包括对衣长、袖长、领围、胸围和肩宽这些主要部位的尺寸测量,也包括对领深、领宽、袖窿深、袖肥、领弧线长等次要部位尺寸的测量。完成样衣测量后制订规格表并使规格系列化。

四、工艺分析

本款女衬衫除了袖窿、肩缝和侧缝包边,其他部位均是折净缝制。前门襟、领子和袖克夫粘无纺衬。前门襟、袖克夫和领底缉 0.1cm 明线,后过肩和底摆缉 0.8cm 明线。左前身胸部印花图案,领底中部钉尺码标,左侧缝内侧钉水洗标。

任务实施

一、号型规格

本款女衬衫的尺码标记为 M 号,160/84A。通过测量样衣获得母版样衣的制图规格。

1. 样衣测量部位

(1)测量主要规格 包括前衣长、后中长、袖长、胸围(前胸围和后胸围)、总肩宽、领围。

（2）测量次要规格　包括前袖窿深、前领深、前腰节长、肋缝长、搭门宽、前领宽、胸宽、后领宽、背宽、小肩宽、前后肩缝长、前后摆围、前后领围、前后袖窿弧长等。

2. 样衣测量方法

具体测量方法见图6-2～图6-26。

图6-2　前衣长①（颈肩点至底摆的距离）

图6-3　后中长②（后领深点至底摆的距离）

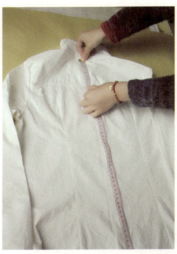

图6-4　后过肩长③（后领深点至过肩线的距离）

图6-5　总肩宽④（左右肩端点之间的距离）

图6-6　后领口宽⑤（左右颈肩点之间的距离）

图6-7　小肩宽⑥（颈肩点至肩端点之间的距离）

图6-8 前领口深⑦（颈肩点至领深线的距离）

图6-9 前领口宽⑧（领深点至领宽线的距离）

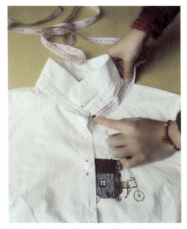
图6-10 前领弧长⑨（前中点至颈肩点的弧线距离）

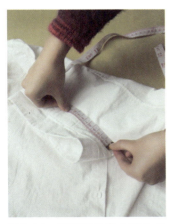
图6-11 后领弧长⑩（后中点至颈肩点的弧线距离）

图6-12 总领宽⑪（领后中线长）

图6-13 袖长⑫（肩端点至袖口的距离）

图6-14 袖肥⑬（袖底点至袖中线的距离）

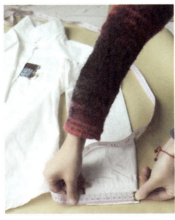
图6-15 袖口长⑭（袖口端点之间的距离）

图6-16 袖底长⑮（袖底点至袖口的距离）

图6-17 胸围⑯（2倍两侧袖底点之间的距离）

图6-18 腰围⑰（2倍两侧侧腰点之间的距离）

图6-19 摆围⑱（2倍两侧侧缝底点之间的距离）

图6-20 胸宽⑲（两侧前腋点之间的距离）

图6-21 侧缝长⑳（袖底至底摆的距离）

图6-22 过肩长㉑（过肩线横向长度）

图6-23 袖山高㉒（袖顶点至袖山深线的距离）

图6-24 背宽㉓（两侧后腋点之间的距离）

图6-25 袖窿深㉔（颈肩点至胸围线的距离）

图6-26 前腰线长㉕（颈肩点至腰围线的距离）

3. 样衣测量示意图（见图6-27）

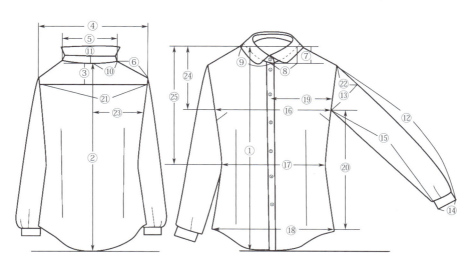

图6-27 样衣测量示意图
图中数字对应图6-2～图6-26

4. 整合测量规格

制作测量规格表，见表 6-2。

表6-2　测量规格表　　　　　　　　　　　　　　　　单位：cm

部位	测量规格	制图规格（加缩水量）	缩水率
前衣长	62	62/（1−3%）＝64	经向3%
后中长	60	60/（1−3%）＝62	经向3%
后过肩长	7	7/（1−3%）＝7.2	经向3%
总肩宽	39	39/（1−1%）＝39.4	纬向1%
小肩宽	12	12/（1−1%）＝12.1	纬向1%
前领深	7.5	7.5/（1−3%）＝7.7	经向3%
前领宽	7	7/（1−1%）＝7.1	纬向1%
后领宽	7	7/（1−1%）＝7.1	纬向1%
翻领宽	4	4/（1−1%）＝4	纬向1%
底领宽	3	3/（1−1%）＝3	纬向1%
前领弧线	12.5	12.5/（1−1%）＝12.6	纬向1%
后领弧线	8.5	8.5/（1−1%）＝8.6	纬向1%
袖长	54	54/（1−3%）＝55.7	经向3%
袖肥	16	16/（1−3%）＝16.5	经向3%
袖内缝长	39	39/（1−1%）＝39.4	纬向1%
袖口长	22	22/（1−3%）＝22.6	经向3%
袖克夫宽	4	4/（1−1%）＝4	纬向1%
袖窿深	23	23/（1−3%）＝23.7	经向3%
胸围	92	92/（1−3%）＝94.8	纬向1%
腰围	74	74/（1−1%）＝74.7	纬向1%
摆围	96	96/（1−1%）＝97	纬向1%

二、母版设计（见图6-28、图6-29）

按照测量的尺寸并加上缩水量，绘制样衣结构图。

1. 前衣片制图

先画前中心线、搭门线、自带挂面宽线，再根据所测量的前衣长尺寸画出上平线和下平线。按照测量数据绘制前领深线、袖窿深线、腰节线、前领宽线、前肩斜线、前胸宽线、前胸围大线。根据女式短袖衬衫的款式、结构、工艺等特点绘制轮廓线。

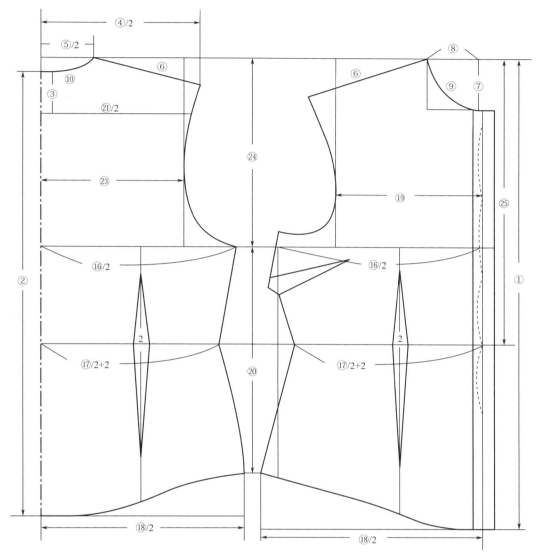

图6-28 女衬衫衣身结构

2. 后衣片制图

先画后中心线，再根据所测量的后衣长尺寸画出上平线和下平线。按照测量数据绘制后领深线、袖窿深线、腰节线、后领宽线、后肩斜线、后背宽线、后胸围大线。根据女式短袖衬衫的款式、结构、工艺等特点绘制轮廓线。

3. 袖片制图

先画袖中线，再根据所测量的袖长尺寸画出上平线和下平线。按照测量数据绘制袖肥线，最后绘制袖片、袖克夫轮廓线。

4. 领子制图

先画领中线，再根据测量的翻领宽和底领宽，绘制上平线和下平线，根据前后领口弧线长绘制领前线，最后根据样衣领子的款式结构特点绘制翻领和底领的轮廓线。

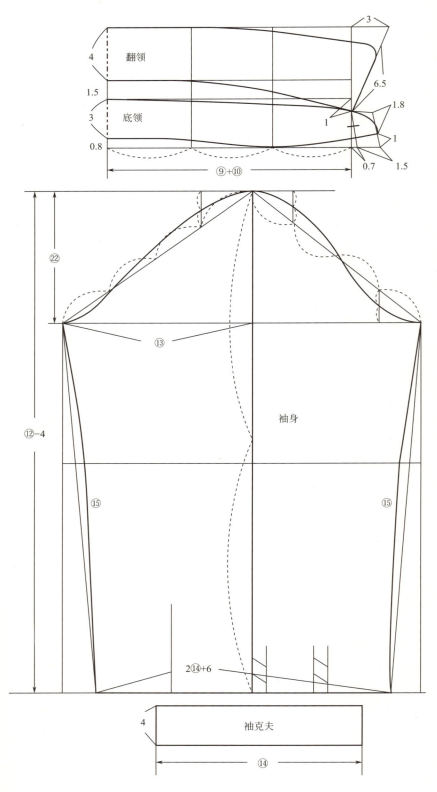

图6-29 女衬衫领子、袖子结构

三、调版

样版绘制好后，对规格和结构造型进行全面的检验，检验的主要依据是样衣的相应部位。包括主要部位，如胸围、腰围、领围、袖长和肩宽，还包括次要部位，如小肩宽、衣身侧缝长、袖底缝长、袖窿弧线长、领口弧线长、袖山高、袖肥、摆围等。

四、放缝

1. 加放缝量

结合样衣的工艺特点，不同的部位进行适当的放缝。除了底摆放缝量为 1.2cm，其他部位放缝量为 1cm。详细放缝量见图 6-30、图 6-31。

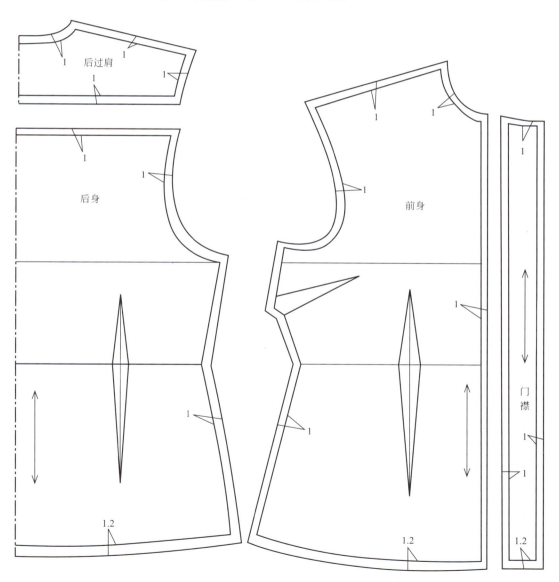

图 6-30　女衬衫衣身放缝

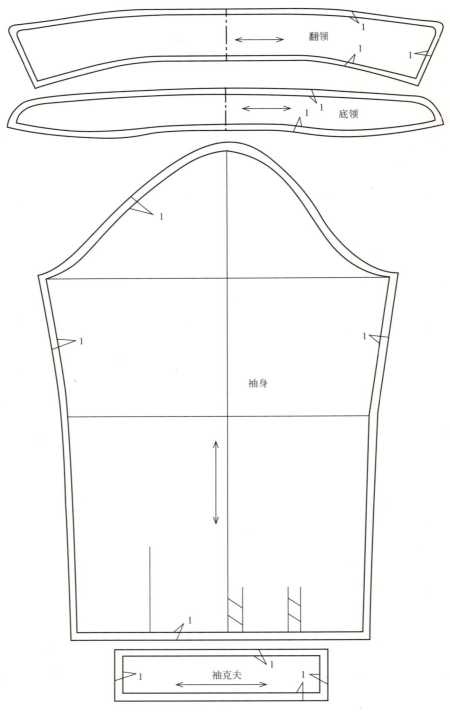

图6-31 女衬衫领子、袖子放缝

2. 工业样版（毛版）

工业样版要求放缝准确，符合缝制工艺要求，用刀口或刀眼做出对位标记，文字标注清晰明了，见图6-32。

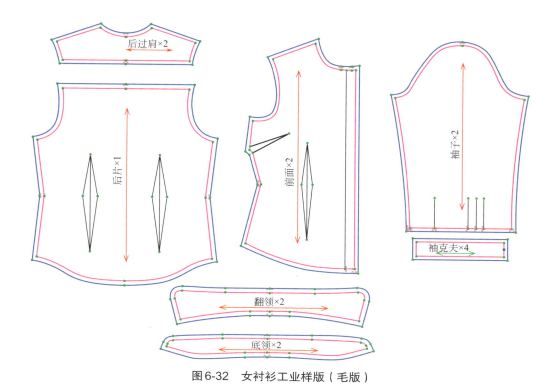

图6-32 女衬衫工业样版（毛版）

五、推版

1. 设计规格表和档差

在样衣测量尺寸的基础上，按照5·4系列设计女衬衫系列化规格表和档差及部位代号，见表6-3、表6-4。

表6-3 女衬衫系列化规格　　　　　　　　　　　　　　　　　单位：cm

部位	155/80A	160/84A	165/88A	170/92A	175/96A
前衣长L	62	64	66	68	70
领围N	41.4	42.4	43.4	44.4	45.4
肩宽S	38.4	39.4	40.4	41.4	42.4
胸围B	90.8	94.8	98.8	102.8	104.8
袖长SL	54.2	55.7	57.2	58.7	60.2
袖口CW	21.6	22.6	23.6	24.6	25.6

表6-4 女衬衫主要控制部位档差及代号（5·4系列）　　　　　单位：cm

部位	档差	档差
前衣长L	2	L_0
领围N	1	N_0
肩宽S	1	S_0
胸围B	4	B_0
袖长SL	1.5	SL_0
袖口CW	1	CW_0

2. 女衬衫前片推版（见表6-5、图6-33）

表6-5　女衬衫前片推档部位计算　　　　　　　　　　　　　单位：cm

关键点	女衬衫前片规格档差和部位档差计算公式	
	X轴档距及方向	Y轴档距及方向
A	$X_A = 0$	$Y_A = Y_B - N_0/5 = B_0/5 - N_0/5 = 0.6$，正向
B	$X_B = N_0/5 = 0.2$，正向	$Y_B = B_0/5 = 0.8$，正向
C	$X_C = S_0/2 = 0.6$，正向	$Y_C = Y_B = 0.8$，正向
D	$X_D = B_0/4 = 1$，正向	$Y_D = 0$
E	$X_E = B_0/4 = 1$，正向	$Y_E = 0$
F	$X_F = X_E = B_0/4 = 1$，正向	$Y_F = 0$
G	$X_G = X_E = 1$，正向	$Y_G = WL_0 - Y_B = 1 - B_0/5 = 0.2$，反向
H	$X_H = X_E = 1$，正向	$Y_H = L_0 - Y_B = 1.2$，反向
J	$X_J = 0$	$Y_J = Y_H = 1.2$，反向
K	$X_K = 0$	$Y_K = Y_H = 1.2$，反向
L	$X_L = 0$	$Y_L = Y_A = 0.6$，正向

注：1.表中的推档公式和数据变化方向表述是针对扩档而言的，缩档时数据变化方向与扩档时的方向相反。

2.公式重点表述关键点在推档时数据的关联性变化。

3.女上装推档时，前腰长的档差一般设为1cm，用代号WL_0表示。

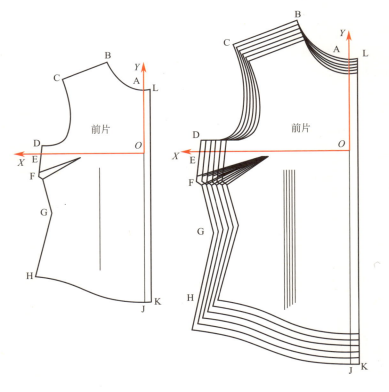

图6-33　女衬衫前片推版全档图

3. 女衬衫后片推版（见表6-6、图6-34）

表6-6　女衬衫后片推档部位计算　　　　　　　　　　　　单位：cm

关键点	女衬衫后片规格档差和部位档差计算公式	
	X轴档距及方向	Y轴档距及方向
A	$X_A = 0$	$Y_A = B_0/5 - Y_G = 0.6$，正向
B	$X_B = X_K = S_0/2 = 0.6$，正向	$Y_B = Y_A = 0.6$，正向
C	$X_C = B_0/4 = 1$，正向	$Y_C = 0$
D	$X_D = X_C = B_0/4 = 1$，正向	$Y_D = WL_0 - B_0/5 = 0.2$，反向
E	$X_E = X_C = B_0/4 = 1$，正向	$Y_E = Y_F = L_0 - B_0/5 = 1.2$，反向
F	$X_F = 0$	$Y_F = L_0 - B_0/5 = 1.2$，反向
G	$X_G = 0$	$Y_G = 0.2$（后过肩高档差设0.2），正向
H	$X_H = N_0/5 = 0.2$，正向	$Y_H = 0.2$（后过肩高档差设0.2），正向
J	$X_J = S_0/2 = 0.6$，正向	$Y_J = Y_H = 0.2$，正向
K	$X_K = X_J = 0.6$，正向	$Y_K = 0$

注：1.表中的推档公式和数据变化方向表述是针对扩档而言的，缩档时数据变化方向与扩档时的方向相反。

2.公式重点表述关键点在推档时数据的关联性变化。

3.女上装推档时，前腰长的档差一般设为1cm，用代号WL_0表示。

4.后过肩高的档差设为0.2cm。

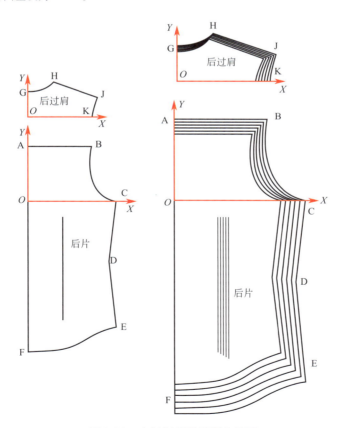

图6-34　女衬衫后片推版全档图

4. 女衬衫袖子推版（见表6-7、图6-35）

表6-7　女衬衫袖子推档部位计算　　　　　　　　　　　　　　单位：cm

关键点	女衬衫袖子规格档差和部位档差计算公式	
	X轴档距及方向	Y轴档距及方向
A	$X_A = 0$	$Y_A = B_0/10 = 0.4$，正向
B	$X_B = B_0/5 = 0.8$，反向	$Y_B = 0$
C	$X_C = X_D = CW_0/2 = 0.5$，反向	$Y_C = SL_0/2 - B_0/10 = 0.35$，反向
D	$X_D = CW_0/2 = 0.5$，反向	$Y_D = SL_0 - Y_A = 1.1$，反向
E	$X_E = CW_0/2 = 0.5$，正向	$Y_E = SL_0 - Y_A = 1.1$，反向
F	$X_F = X_E = CW_0/2 = 0.5$，正向	$Y_F = SL_0/2 - B_0/10 = 0.35$，反向
G	$X_G = B_0/5 = 0.8$，正向	$Y_G = 0$

注：1.表中的推档公式和数据变化方向表述是针对扩档而言的，缩档时数据变化方向与扩档时的方向相反。

2.公式重点表述关键点在推档时数据的关联性变化。

3.袖山高和袖肥的档距设计应改使袖山弧线长的档差与袖窿弧线长的档差一致。

4.袖克夫推档只需增减袖克夫的长度，档距为袖口档差1cm，袖克夫宽度无变化。

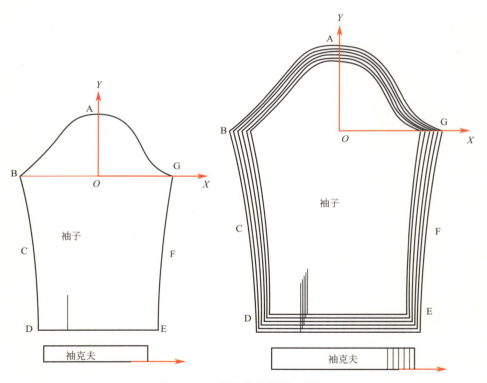

图6-35　女衬衫袖子推版全档图

5. 女衬衫领子推版

女衬衫领子推版时，只需将领中线平行增减领围档差的一半，$N_0/2 = 0.5$即可，领宽和领前尺寸无变化，见图6-36。

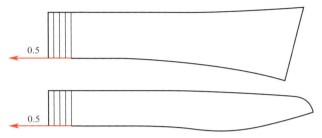

图6-36　女衬衫领子推版全档图

六、编制女衬衫生产工艺单

女衬衫生产工艺单见表6-8，工序编制见表6-9。

表6-8　女衬衫生产工艺单

款号	2015F-001	款式名称	女衬衫	面料编号****01		工艺要求

款式图：

参考成衣规格/cm					
部位	155/80A	160/84A	165/88A	170/92A	175/96A
后衣长	62	64	66	68	70
领围	41.4	42.4	43.4	44.4	45.4
肩宽	38.4	39.4	40.4	41.4	42.4
胸围	90.8	94.8	98.8	102.8	104.8
袖长	54.2	55.7	57.2	58.7	60.2
袖口	21.6	22.6	23.6	24.6	25.6

物料明细		
品名	规格	单量	备注
面料	1.44m	1.2m	高支纱纯棉布
无纺衬	1m	0.5m	白色
纽扣	直径0.8cm树脂扣	7粒	白色
涤纶线	柱	0.1柱	白色

一、制版要求
1.制版规格已经加放缩水率，母版为160/84A，各个部位尺寸与样衣相应部位相吻合。
2.推版时绘制全档图并存档。
3.根据工艺要求放缝。
二、裁剪要求
1.根据分床方案铺布。
2.根据排料图排版，注意丝绺方向和裁片数量。
3.裁剪时注意避让面料残疵和色差部位。
三、缝制要求
1.所有缝线的颜色要与对应部位一致，缝线针码12～13针/3cm，底面线松紧适宜。
2.粘衬部位：门襟、领面、领底、袖克夫、袖开衩。
3.后过肩明线0.7cm，领底、门襟和袖克夫明线0.1cm。
4.领角和门襟下摆处注意里外匀，窝服自然不外翘。
5.底摆折净缉0.7cm明线，明线宽窄均匀。
6.袖窿、侧缝处码边。

表6-9 女衬衫工序编制

工序		品名：女衬衫		编制人：	日期：	
作业员	工序号	工序名称	工序时间/s	作业分配时间/s	设备型号	台数
1	1	前门襟粘衬	25	70	熨斗、烫台	1
	12	领粘衬	15			
	13	袖头粘衬	15			
	2	折烫前门襟	15			
2	3	缝肩省	15	44	平缝机 GC6-1-D3	1
	4	缝胸省、腰省	15			
	5	合肩缝	14			
3	7	缝袖衩条	25	70	平缝机 GC6-1-D3	1
	8	装袖	45			
4	10	合肋缝、袖底缝	35	53	平缝机 GC6-1-D3	1
	20	车缉下摆	18			
5	12	前门襟锁边	12	60	包缝机 GN3-1	1
	6	肩缝锁边	10			
	9	袖窿锁边	20			
	11	肋缝、袖底缝锁边	18			
6	14	袖头画样、领画样	40	40	圆珠笔	
7	15	暗勾袖头、衣领	35	35	平缝机 GC6-1-D3	1
8	16	翻烫袖头、衣领、门里襟下角	80	80	熨斗、烫台	1
9	17	装领	35	35	平缝机 GC6-1-D3	1
10	18	装袖头	35	35	平缝机 GC6-1-D3	1

案例链接

精益求精　匠心筑梦

"学技术是其次，学做人是首位，干活要凭良心。"胡双钱喜欢把这句话挂在嘴边，这也是他技工生涯的注脚。

胡双钱是上海飞机制造有限公司的高级技师，一位坚守航空事业35年，加工数十万飞机零件无一差错的普通钳工。对质量的坚守，已经是融入血液的习惯。他心里清楚，一次差错可能就意味着不可估量的损失甚至以生命为代价。他用自己总结归纳的"对比复查法"和"反向验证法"，在飞机零件制造岗位上创造了35年零差错的纪录，连续12年被公司评为"质量信得过岗位"，并授予产品免检荣誉证书。

不仅无差错，还特别能攻坚。在ARJ21新支线飞机项目和大型客机项目的研制和试飞阶段，设计定型及各项试验的过程中会产生许多特制件，这些零件无法进行大批量、规模化生产，钳工是进行零件加工最直接的手段。胡双钱几十年的积累和沉淀开始发挥作用。他攻坚克难，创新工作方法，圆满完成了ARJ21—700飞机起落架钛合金作动筒接头特制件制孔、C919大型客机项目平尾零件制孔等各种特制件的加工工作。胡双钱先后获得全国五一劳动奖章、全国劳动模范、全国道德模范称号。

一定要把我们自己的装备制造业搞上去，一定要把大飞机搞上去。已经55岁的胡双钱现在最大的愿望是："最好再干10年、20年，为中国大飞机多做一点。"

思考

1. 你赞同胡双钱的观点吗？
2. 胡双钱为何成为"大国工匠年度人物"？

157

根据提供女衬衫的母版，自主设计档差和坐标轴，进行女衬衫工业推版（扩大和缩小各一号），见图6-37。

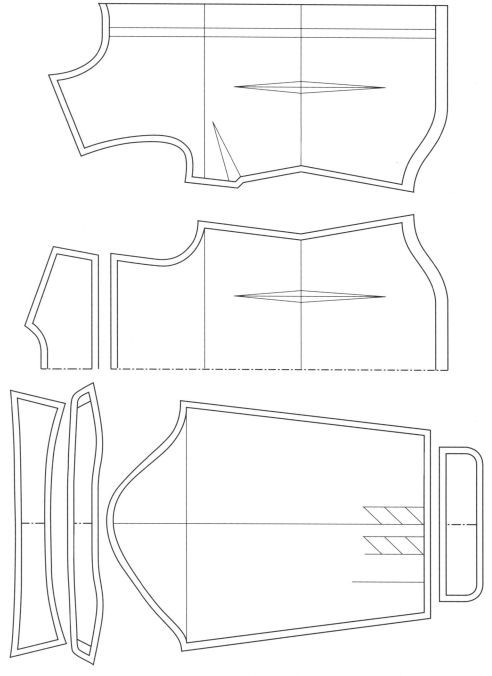

图6-37　女衬衫母版

岗位实训

实训项目	根据实物进行服装工业制版					
实训目的	1.能够看懂样衣，正确地分析款式特点。 2.能够设计制作实物的母版，并进行推版。 3.能够运用所学知识，进行工艺文件的编制					
项目要求	选做		必做	是否分组		每组人数
实训时间				实训学时		学分
实训地点				实训形式		
实训内容	每位同学选取一件衣服作为本次实训的样衣，款式可以是连衣裙、衬衫、运动服等。根据实物样衣，完成工业制版					
实训材料	打版纸、拷贝纸					

实训步骤及要求	评分标准及分值
1.实物分析 要求：对实物进行款式分析、面料分析、控制部位分析、工艺分析	对样衣的分析、定位准确，版型结构合理，比例正确，不符酌情扣2～15分。分值：15分
2.成品规格设计 要求：通过测量实物获取成品规格，并进行系列规格设计	各部位规格尺寸设计合理，一处不符合扣1分，扣完为止。 分值：15分
3.母版设计 要求：根据实物特点，进行结构制图和结构设计。 结构设计与实物一致合理，母版数量齐全，样版线条流畅	样版（或裁片）数量齐全，缺一处扣1分，扣完为止。 各缝合部位对应关系合理，一处不符合扣1分，扣完为止。 各部位线条顺直、清晰、干净、规范，不符处酌情扣1分，扣完为止。 分值：15分
4.毛版设计 要求：样版分割合理，缝份准确。样版文字标记和定位标记准确	各部位放缝准确，一处不符合扣1分，扣完为止。 样版文字说明清楚，用料丝缕正确，一处不符合扣1分，扣完为止。 定位标记准确、无遗漏，一处不符合扣1分，扣完为止。 分值：20分
5.推版 要求：推版公共线选取合理，关键点准确，计算准确，绘制标准	推版计算合理，一处不符合扣1分，扣完为止。 分值：20分
6.编制生产工艺单 要求：工艺文件填写完整、准确、具有适应性和可操作性	填写不完整扣5分，错误一处扣5分，扣完为止。 分值：15分
学生自评	
教师评价	
企业评价	

自我分析与总结

存在的主要问题：

收获与总结：

今后改进、提高的情况：

任务七

根据订单进行服装工业制版

学习目标

知识 1. 了解企业订单的相关内容。
2. 熟悉订单的分析方法。
3. 掌握工艺文件编制方法。

技能 1. 能够分析生产制造单。
2. 能根据订单进行服装工业制版。
3. 能够应用和编制相关工艺文件。

素质 1. 培养学生坚守初心。
2. 培养学生高度的责任感和严谨细致的工作作风。
3. 培养学生的团队合作意识。
4. 培养学生自主学习、自主探究的能力。

任务描述

该任务以企业真实裤装订单为载体，学生独立完成。学习对裤装订单的全面技术分析，包括部位的外文名称、名词解释、如何确定结果设计方法等。掌握此类任务的工作方法及工业样版的制作，并进行工艺工序设计和编制工艺单。教师讲解读单能力的培养，从原理上解决不同款式服装各关键点推档的问题，同时要求学生学会裤装工艺文件的编制，让学生课后根据要求完成大量的1∶1样版，使学生做到理论和实践相统一，掌握不同款式服装推版的方法。对知识进行归纳总结，通过本任务的完成帮助学生寻求新旧知识的联系及所学知识与相关学科的联系。

任务要求

1. 学生准备好制图工具。
2. 学生准备好裤装订单样版一份，用于推版实践。
3. 教师引导学生共同分析订单款式图，包括款式分析、结构分析、工艺分析和成品规格分析。
4. 准备任务书，用于学生独立完成任务时使用。

知识点
企业外贸订单的分析

"制单"即制造通知单,在加工型服装企业中根据"制单"进行服装工业制版,主要包含两大类:一是制版通知单;二是大货制造通知单。制版通知单是客户通知工厂进行样品试制的书面文件,是进行工业制版的原则,为此应把握以下要求。

一、熟悉制单

对于外单来说,首先是要对工艺单进行文字处理,翻译成中文。参照和对照往年的工艺单进行核对(主要指老客户),研究是否有新的变化或者是有不对的地方,着重看一下有无特殊要求,工艺单指示不明的地方要及时和客户沟通,不可主观臆断,做到理解准确明了。如客户有不明白的地方可按照订单常规操作要求作处理。

二、了解使用的材料

对于面料、里料、辅料的使用情况一定要了解清楚,这是因为不同的用料要求对工业制版有着不同程度的影响。首先是主料,比如面料的品种、纱支、结构、克重、颜色;里料的结构、性能特点、与面料的配合情况。其次是辅料,包括拉链、绳、扣、凤眼、花边、松紧带、梭织布、横机罗纹、主标、水洗标、吊牌、装饰牌等。

三、分析服装款式图

外贸制单一般会提供服装款式图,并配有相关文字说明。应分析理解服装的款式构成,正背面结构与里外结构特点,服装零部件位置与造型等。对于有疑问或认为不合理的结构需向主管或客户咨询,切不可盲目操作。

四、确认成衣规格数据

外贸制单中的规格数据,一般为客户提供。不需要制版师再行设计,只需制版师核实其合理性即可。因此首先要了解规格所在的部位,其次要了解需要测量的部位及测量的方法,最后先用常规的结构制版知识来判别其规格数据的合理性,同时在制版过程中也需验证。发现不合理的部位规格应及时联系与解决,经书面确认后,再进行制版工作。

五、了解成衣制作工艺

服装成衣制作工艺要求也是服装样版制作的技术指令之一,如制作工艺的缝型不同,决定样版的缝份不同的加放量。工艺要求的服装品质档次不同,决定样版的不同处理方式。工艺制作方法不同,也同样决定生产样版的种类要求不同,如服装辅料的使用等。

> **任务分析**

本"制单"服装为女式牛仔裤,是较为典型的外贸服装风格。在本"制单"中,服装的款式造型、零部件及细部造型均表现清楚,标记指示详尽,为后续的制版工作提供了依据。"制单"用语也合乎常规要求,无特别难懂之处。所用原辅材料在"制单"中也有描述,成衣制作方法也适合大货生产。

"制单"提供了各部位的规格数据,基本满足服装制图的要求。主要是把握相关尺寸之间的关系,如腿围和臀围数值之间的关系,限制了前后裆门的数值设计;前后浪的差值,也决定了后裆线下落量及后腰起翘量的大小。所有这些数据在制图时应理解透彻,做到心中有数。

一、外贸制单实例分析

外贸制单实例分析见表 7-1。

表7-1　×××服装有限公司生产工艺指导书

款式:女式牛仔裤	生产商:×××	供应商:×××	复核员:×××
日期:2016.4.21	季节:2016年秋季	样版裁剪:×××	尺码范围:女24-31
面料成分:98%棉,2%氨纶		重量:	宽度:
颜色:	织物拉伸弹性:40%(测量5in织物)		水洗标准:

二、女式牛仔裤平面款式

女式牛仔裤平面款式见图 7-1、图 7-2。

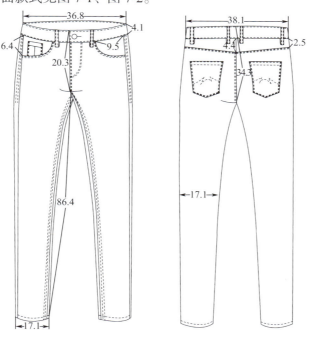

图7-1　女式牛仔裤正、背面款式

图中所标注尺寸均为 27 码规格。

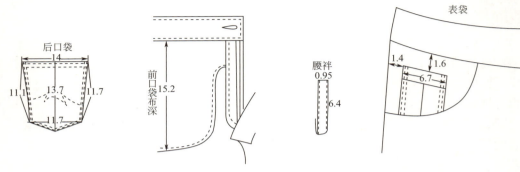

图 7-2 女式牛仔裤部件款式

三、女式牛仔裤规格数据表

女式牛仔裤各部位规格数据见表 7-2。

表 7-2 女式牛仔裤各部位规格数据　　　单位：cm

部位＼号型	24	25	26	27	28	29	30	31	档差
1/2 上腰围	32.9	34.2	35.5	36.8	38.1	39.4	40.7	42	1.3
1/2 下腰围	34.2	35.5	36.8	38.1	39.4	40.7	42	43.3	1.3
1/2 臀围	38	39.3	40.6	41.9	43.2	44.5	45.8	47.1	1.3
前裆长（含腰）	18.5	19.1	19.7	20.3	20.9	21.5	22.1	22.7	0.6
后裆长（含腰）	32.5	33.1	33.7	34.3	34.9	35.5	36.1	36.7	0.6
1/2 大腿围	22.4	23.4	24.4	25.4	26.4	27.4	28.4	29.4	1
膝宽	15.6	16.1	16.6	17.1	17.6	18.1	18.6	19.1	0.5
脚口宽	16.2	16.5	16.8	17.1	17.4	17.7	18	18.3	0.3
腰头高	4.1	4.1	4.1	4.1	4.1	4.1	4.1	4.1	0
内缝长	86.4	86.4	86.4	86.4	86.4	86.4	86.4	86.4	0
腰袢长	6.4	6.4	6.4	6.4	6.4	6.4	6.4	6.4	0
腰袢宽	0.95	0.95	0.95	0.95	0.95	0.95	0.95	0.95	0
后约克高（沿后中心线）	4.4	4.4	4.4	4.4	4.4	4.4	4.4	4.4	0
后约克高（沿侧缝线）	2.5	2.5	2.5	2.5	2.5	2.5	2.5	2.5	0
门襟长	8.9	8.9	10.2	10.2	10.2	10.2	11.4	11.4	
前袋宽	8.9	8.9	9.5	9.5	9.5	10.2	10.2	10.2	
前袋高	5.7	5.7	6.4	6.4	6.4	7	7	7	
前口袋布长	14	14	15.2	15.2	15.2	15.2	16.5	16.5	
表袋宽	6.4	6.4	6.7	6.7	6.7	7	7	7	
后口袋上口宽	13.3	13.3	14	14	14	14.6	14.6	14.6	
后口袋下口宽	11.1	11.1	11.7	11.7	11.7	12.4	12.4	12.4	
后口袋中心高度	13	13	13.7	13.7	13.7	14.3	14.3	14.3	
后口袋边长（靠近侧缝）	11.1	11.1	11.7	11.7	11.7	12.4	12.4	12.4	
后口袋边长（靠近后中）	10.5	10.5	11.1	11.1	11.1	11.7	11.7	11.7	

一、母版结构设计

选取"制单"规格数据表中的 27 码为母版规格进行结构设计,结构设计数据参考表 7-2。结构制图见图 7-3。

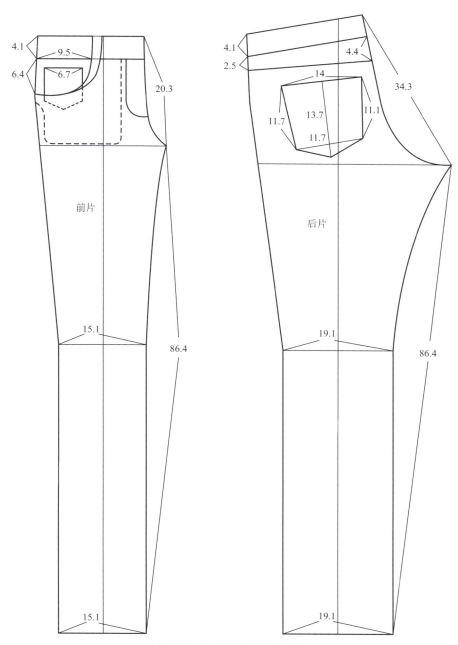

图7-3 女式牛仔裤结构制图

二、调版

　　本"制单"中女式牛仔裤结构版型的检验主要包括四个方面：纸样版型与样品造型是否相符；结构纸样规格数据与成品规格是否一致，是否考虑了成衣工艺要求；纸样中相关结构线是否吻合，细部规格及造型是否与样品一致；纸样是否完整，包括任何细节部分（见图7-4）。

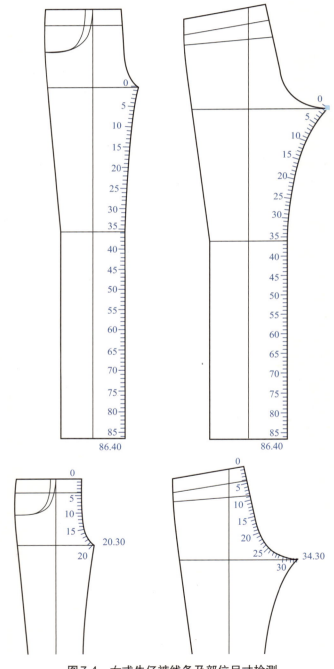

图7-4　女式牛仔裤线条及部位尺寸检测

三、样版放缝及标注

　　复核完母版后，接下来制作工艺样版。就是根据女式牛仔裤工艺的要求加放缝份。一般后裆缝加放缝份为上端 1.5cm，下端 1cm，脚口折边加放 3cm，其余各边均加放 1cm。同时，对女式牛仔裤样版进行文字标注和定位标记，如图 7-5 所示。

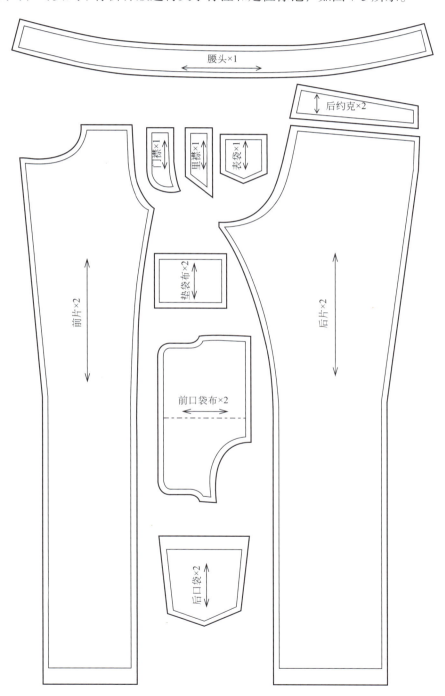

图 7-5　女式牛仔裤放缝示意图

四、附件设计

女式牛仔裤的附件较少,主要是衬板的制作。包括腰面衬板和门里襟衬板。

五、推版

女式牛仔裤主要控制部位的档差见表 7-3。

表 7-3　女式牛仔裤主要控制部位档差及代号　　　　　　　单位:cm

部位	档差	代号
腰围 W	2.6	W_0
臀围 H	2.6	H_0
膝宽 K	0.5	K_0
脚口 SB	0.3	SB_0
前裆长	0.6	前裆长$_0$
后裆长	0.6	后裆长$_0$

1. 女式牛仔裤前片推版(见表 7-4、图 7-6、图 7-7)

以横裆线为 X 轴,以烫迹线为 Y 轴,确定关键点,各部位档差分配说明见表 7-4。

表 7-4　女式牛仔裤前片推档部位计算　　　　　　　单位:cm

部位	关键点	规格档差和部位档差计算公式 X轴档距和方向	Y轴档距和方向
女式牛仔裤前片	A	$X_A=(W_0/4)\times(1/2)=0.325$;反向	$Y_A=$前裆长$_0=0.6$;正向
	B	$X_B=0$	$Y_B=$前裆长$_0=0.6$;正向
	C	$X_C=(W_0/4)\times(1/2)=0.325$;正向	$Y_C=$前裆长$_0=0.6$;正向
	D	$X_D=(H_0/4)\times(1/2)=0.325$;反向	$Y_D=0$
	E	$X_E=(H_0/4)\times(1/2)=0.325$;正向	$Y_E=0$
	F	$X_F=K_0/2=0.25$;反向	$Y_F=0$
	F1	$X_{F1}=K_0/2=0.25$;正向	$Y_{F1}=0$
	G	$X_G=SB_0/2=0.15$;反向	$Y_G=0$
	G1	$X_{G1}=SB_0/2=0.15$;正向	$Y_{G1}=0$

注:表中显示为号型扩大时的方向,若缩小号型则方向相反。

为保证图片清晰，图 7-7 中只保留了 25、27、29、31 四个号码的推版图。

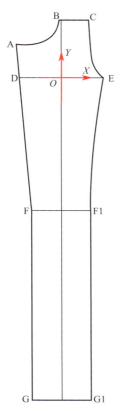

图 7-6 女式牛仔裤前片关键点及坐标轴设置

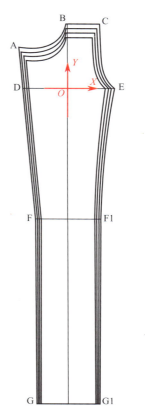

图 7-7 女式牛仔裤前片推版图

2. 女式牛仔裤后片推版（见表 7-5、图 7-8、图 7-9）

以横裆线为 X 轴，以烫迹线为 Y 轴，确定关键点，各部位推档量和档差分配说明见表 7-5。

表 7-5 女式牛仔裤后片推档部位计算　　　　　　　　　　　　　　　单位：cm

部位	关键点	规格档差和部位档差计算公式	
		X 轴档距和方向	Y 轴档距和方向
女式牛仔裤后片	A	$X_A = (W_0/4) \times (1/2) = 0.325$；反向	$Y_A = $ 后裆长$_0 = 0.6$；正向
	B	$X_B = (W_0/4) \times (1/2) = 0.325$；正向	$Y_B = $ 后裆长$_0 = 0.6$；正向
	C	$X_C = (H_0/4) \times (1/2) = 0.325$；反向	$Y_C = 0$
	D	$X_D = (H_0/4) \times (1/2) = 0.325$；正向	$Y_D = 0$
	E	$X_E = K_0/2 = 0.25$；反向	$Y_E = 0$
	E1	$X_{E1} = K_0/2 = 0.25$；正向	$Y_{E1} = 0$
	F	$X_F = SB_0/2 = 0.15$；反向	$Y_F = 0$
	F1	$X_{F1} = SB_0/2 = 0.15$；正向	$Y_{F1} = 0$

注：表中显示为号型扩大时的方向，若缩小号型则方向相反。

为保证图片清晰，图7-9中只保留了25、27、29、31四个号码的推版图。

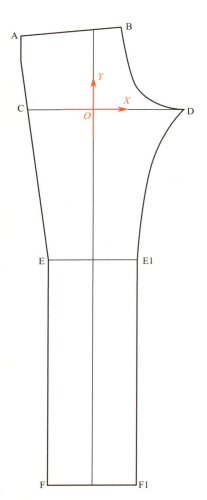
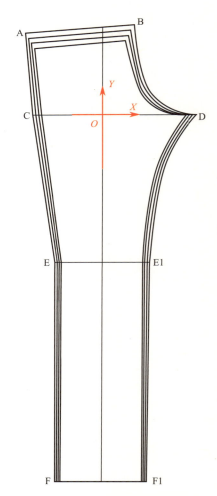

图7-8　女式牛仔裤后片关键点及坐标轴设置　　　图7-9　女式牛仔裤后片推版全档图

3. 女式牛仔裤零部件推版

（1）腰头　宽度不变，长度按每档"$W_0 = 2.6cm$"进行推档（图7-10）。

为保证图片清晰，图7-10中只保留了25、27、29、31四个号码的推版图。

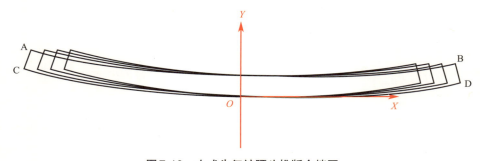

图7-10　女式牛仔裤腰头推版全档图

（2）门襟　宽度不变，长度按系列规格表中数据进行推档（图7-11）。

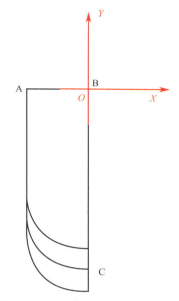

图7-11　女式牛仔裤门襟推版全档图

（3）后约克　高度不变，宽度按每档"$W_0/4 = 0.65cm$"进行推档（图7-12）。为保证图片清晰，图7-12中只保留了25、27、29、31四个号码的推版图。

图7-12　女式牛仔裤后约克推版全档图

（4）后口袋　宽度、长度均按系列规格表中数据进行推档（图7-13）。

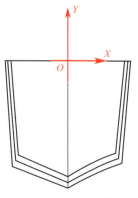

图7-13　女式牛仔裤后口袋推版全档图

> **案例链接　拼在过程的竞技精神**
>
> 　　从运动员到资深设计师，从小店主到拥有自己的服装品牌，吴飞燕对生活充满热情。从她身上我们看到了女性强大的潜能，没有依赖，没有矫情，有的是从强大的内心深处焕发出的明媚光辉。
>
> 　　一颗钻石的价值，不仅在重量，还要有精细的切工，才能成就璀璨光芒。成熟的女人如同钻石，一个持续散发着魅力的女人必然经过生活的磨砺，内心坚强。从运动场上受伤退役后吴飞燕毅然选择创业，成功地由运动员"转型"为商人。不甘平庸，因为永不服输的吴飞燕为自己开创了另一片精彩。
>
> 　　若不是因为伤痛而放弃了运动场，现在的吴飞燕应该是一名田径名将，但如今吴飞燕显然在另一片天地里找到了"竞技场"。
>
> 　　吴飞燕对服装、时尚特别喜欢，退役时服装零售业又有很大的发展空间，于是吴飞燕从家乡开始了自己的服装事业。凭借独到的眼光和敢闯、敢拼的干劲，不久她便开始了服装批发。
>
> 　　如今，集企业管理者和资深设计师于一身的吴飞燕，不但拥有自己的品牌，更拥有一支超强的团队。不断创新的思路始终激励着吴飞燕迈向下一个目标。
>
> 　　一路走来，从运动场到服装店，再到批发商、品牌经营者，吴飞燕总是在志得意满时转向另一个目标。"虽然已经离开运动场，但是拼在过程才能赢在结果的运动精神却始终影响着我，所以我始终是在路上的状态，充满竞技的状态"，吴飞燕用近20年对服装的热爱和取得的成就告诉了我们她"精于此道"。
>
> 　　在吴飞燕的周密部署下，作为新生代的设计师品牌——"风铃鸟"，漂亮地完成了它的华丽转身，大众而不平庸、时尚而不盲从、活力而不只是运动、休闲而不颓废，这就是集企业家与设计师身份于一身的吴飞燕的设计追求。

1. 你如何理解"拼在过程"？
2. 今后的专业学习中，应该如何做？

任务拓展

根据提供的母版，自主设计档差和坐标轴，进行工业推版（扩大和缩小各一号），见图7-14。

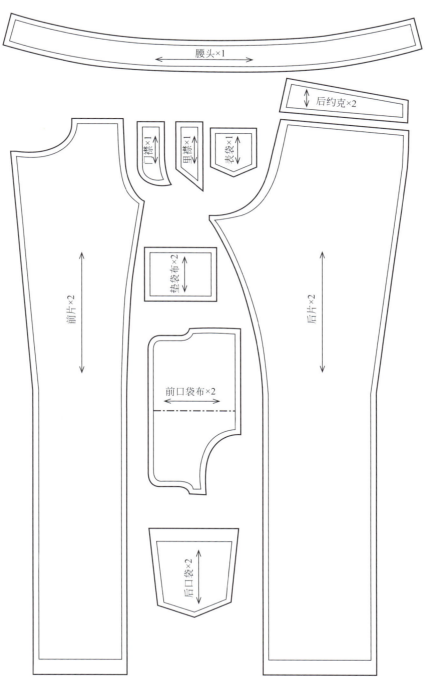

图7-14　牛仔裤母版

岗位实训

实训项目	根据订单进行服装工业制版					
实训目的	1.能够看懂订单，正确地分析订单内容。 2.能够设计制作母版，并进行推版。 3.能够运用所学知识，进行工艺文件的编制					
项目要求	选做		必做		是否分组		每组人数	
实训时间				实训学时		学分	
实训地点				实训形式			
实训内容	某服装公司技术科接到生产任务单，经过整理如图7-15、表7-6，请根据提供材料进行服装工业制版。  图7-15 牛仔茄克							

表 7-6　成品规格表　　　　单位：in

部位及测量方法	M	部位及测量方法	M
前衣长，从肩点量	22 1/4	肘宽，从袖窿下 8in 量	12 1/4
后身长，从肩点量	21 1/4	袖长，含袖克夫高	24 1/2
肩宽	16	下袖长，含袖克夫高	18 3/4
肩斜	1 5/8	袖口	9
借肩	1	袖克夫高	1 3/4
前胸宽测量部位，从肩点量	5 1/2	袖衩高	3
前胸宽	14 1/2	袖衩宽	1/4
后背宽，从育克缝量	15 1/2	口袋高	4 5/8
前育克高，从肩点量	7	胸口袋高，从侧面量，含口袋盖	3 3/4
后育克高，从后中量	4 1/2	胸口袋宽，从顶部量	3 5/8
胸围	40 1/2	胸口袋宽，从底部量	3 1/2
腰位，从肩点量	16	口袋盖宽	4 3/8
腰围	37 1/2	口袋盖高，从中间量	2
下摆	39	口袋盖高，从侧面量	1 1/4
下摆高	1 3/4	胸口袋距前中	1 5/8
领宽，缝到缝	6 3/4	插兜宽	5
前领深到缝	3 1/2	插兜高	1/2
后领深到缝	5/8	插兜距下摆缝	1
领高，从后中量	3	插兜距公主缝，从顶部量	1 5/8
领，尖到尖	18 1/2	插兜距公主缝，从底部量	2 3/4
领尖	2 3/8	前公主幅宽，从顶部	3
前门襟宽，从前中量	1 1/2	前公主幅宽，从底部缝量	1 3/8
袖窿直量	8	后公主缝间距，从顶部量	9 3/4
袖肥	14	后公主缝间距，从底部缝量	7 1/2

注：1in=1 英寸=2.54cm

实训材料	打版纸、拷贝纸
实训步骤及要求	评分标准及分值
1.实物分析 要求：对实物进行款式分析、面料分析、控制部位分析、工艺分析	对样衣的分析、定位准确，版型结构合理，比例正确，不符酌情扣2～15分。分值：15分
2.成品规格设计 要求：通过测量实物获取成品规格，并进行系列规格设计	各部位规格尺寸设计合理，一处不符合扣1分，扣完为止。分值：15分
3.母版设计 要求：根据实物特点，进行结构制图和结构设计。 结构设计与实物一致合理，母版数量齐全，样版线条流畅	样版（或裁片）数量齐全，缺一处扣1分，扣完为止。 各缝合部位对应关系合理，一处不符合扣1分，扣完为止。 各部位线条顺直、清晰、干净、规范，不符处酌情扣1分，扣完为止。 分值：15分
4.毛版设计 要求：样版分割合理，缝份准确。样版文字标记和定位标记准确	各部位放缝准确，一处不符合扣1分，扣完为止。 样版文字说明清楚，用料丝缕正确，一处不符合扣1分，扣完为止。 定位标记准确、无遗漏，一处不符合扣1分，扣完为止。 分值：20分
5.推版 要求：推版公共线选取合理，关键点准确，计算准确，绘制标准	推版计算合理，一处不符合扣1分，扣完为止。 分值：20分
6.编制生产工艺单 要求：工艺文件填写完整、准确、具有适应性和可操作性	填写不完整扣5分，错误一处扣5分，扣完为止。 分值：15分
学生自评	
教师评价	
企业评价	

178

第二模块 服装工业制版

存在的主要问题：

收获与总结：

今后改进、提高的情况：

任务八

根据效果图进行服装工业制版

学习目标

知识
1. 了解服装效果图的相关内容。
2. 熟悉效果图类别的判断方法。
3. 掌握分析服装效果图的方法。

技能
1. 能够分析服装效果图。
2. 能根据效果图进行服装工业制版。
3. 能够应用和编制相关工艺文件。

素质
1. 培养学生精益求精的精神。
2. 培养学生高度的责任感和严谨细致的工作作风。
3. 培养学生的团队合作意识。
4. 培养学生自主学习、自主探究的能力。

任务描述

本任务在教师指导下学生独立完成,掌握此类任务的工作方法及女大衣工业制版与推版的过程,以设计师设计的服装效果图为载体,对服装款式造型结构进行分析,将服装效果图转换成平面款式图,掌握服装号型系列设计及服装成衣规格设计,学习女大衣衣身结构的推版方法及分割线推版的处理,掌握领、袖、衣身推版的协调性并能够举一反三。

任务要求

1. 学生准备好制图工具。
2. 学生准备好服装效果图一份,用于制版实践。
3. 教师引导学生共同分析服装效果图,包括款式分析、结构分析、工艺分析和成品规格分析。
4. 准备任务书,用于学生独立完成任务时使用。

知识点
服装效果图分析

面对飞速发展、日渐成熟的服装行业，对服装品质的要求是服装行业发展与竞争的必然趋势，而保证服装产品质量的关键之一是服装制版师的技术水平。在服装企业产品开发过程中，制版师的工作不仅是按照服装效果图或服装图片制版，还涉及从服装产品计划初期到产品完成的诸多环节。科学准确地审视服装效果图是实现服装款式造型设计理想效果的前提，是服装结构设计人员必须具备的专业技术素质。

服装款式造型结构分析

服装效果图是服装设计的重要环节，它以绘画的艺术形式来表现服装造型的款式、色彩、面料、服饰配件及人的整体着装效果。服装效果图包括对服装廓形、款式结构、材料质地和色彩搭配、加工工艺等外观形态的描绘和表达。效果图是款式设计部门与结构纸样设计部门之间传达设计意图的技术文件，是实现服装设计的理论依据。

根据服装效果图进行工业制版，往往多见于品牌型服装生产企业，对于这种类型的服装工业制版，首先必须对设计师所提供的服装效果图进行分析与理解，必要时可进行探讨。具体包含的内容如下。

1. 效果图类别判断

判断效果图不同表现形式，了解不同形式的服装造型特点、造型风格等。服装效果图根据表现形式可分成写实类效果图、艺术类效果图两大类。写实类效果图采用 8～8.5 头长的身高比例来绘制服装人体，人体穿着效果比较符合客观实际。艺术类效果图采用 9～12 头长身高比例来绘制人体，在服装效果图上用渲染、省略等艺术手法，体现夸张的艺术效果。

2. 服装效果图的审视

服装效果图的审视主要是对效果图所显示的服装款式廓型类别、服装的造型风格特点、功能属性、服装规格、工艺处理形式等问题加以分析和理解，为后续服装成衣规格设计提供理论依据。

审视服装效果图是服装整体结构设计的第一步，是对服装效果图的表象进行系统分析、理解设计作品的内涵，将具有立体感特性的效果图转化成平面结构图的重要设计过程。

（1）服装款式廓型类别的分析　一般指服装的外部轮廓造型，忽视其内部结构。服装廓型有 H 形、A 形、V 形、O 形、T 形、X 形六大类。分析效果图中的款式特点，首先要识别服装的廓型类别。

（2）服装款式功能属性的分析　是指服装本身所具有的功能和作用，也是服装效果图的表象直接反映的内容。

①服装类别，如礼服、职业装、休闲装、运动装、外套、内衣、大衣等。
②服装穿着对象，如需考虑民族、性别、年龄、职业、阶层、体型、脸型、肤色等。

（3）款式的平视与透视结构分析　统一直接的款式结构与间接的款式结构之间的关系，即效果图上直观的款式结构与难以观察到的款式结构两者之间的关系。

（4）款式结构的可分解性分析　分辨设计图中结构设计的合理性，为服装基础纸样设计提供方便。

一、效果图

图 8-1 女大衣服装结构的分析：首先根据效果图中服装衣领、衣袖、衣身、分割线、省道、褶裥等主要部件的特征及相互组合形式，分析服装的结构形式。

（1）衣领结构　衣领是平驳领，领上口线呈 V 形状态，在衣领结构中，领下口线与衣身领口一定是凹凸互补关系，这种领型可以关闭、敞开两用。适合大衣的功能需要。

（2）单排扣门襟　搭门宽大约 3cm，这种结构设计在秋冬季大衣中尤为多见。

（3）衣袖结构　从服装款式风格及其与人体的贴体程度判断，衣袖的结构类型为两片圆装袖，袖长超过一般袖长1～2cm 左右。

（4）X 廓型　衣身采用分割线（公主线）结构，在侧缝处进行了收腰和扩展底摆的结构设计。满足了服装艺术设计的美感要求和款式本身的功能性特征。

（5）款式材料性质与组成　此款女大衣为秋冬季所穿用，所选面料的风格特点同造型有一致性的要求。

（6）工艺处理形式　在服装效果图审视中工艺处理形式的分析主要是指裁剪时各部位缝份、贴边的处理及所采用的缝制工艺手段等。例如：缉明线的部位按明线宽度的工艺要求，缝份加放处理不同于普通的缝份加放。又如：根据服装款式类别、功能等，准确判断各部位采用哪种工艺形式来完成服装的缝制等。

图 8-1　女大衣服装效果图

（7）图形的转换　将不同类型的服装效果图，通过分析与理解，转换成服装平面款式图。

二、款式造型结构分解

图 8-1 款服装的款式造型结构分析：此款大衣服装的外轮廓造型为 X 形，属中长款大衣，衣长至膝围线左右为宜，单排三粒扣。衣身版型呈收腰合体型，前后片均有

公主线设计，在分割线处进行了收腰和扩展底摆的结构设计。前片设双开线口袋且装袋盖。袖子为合体两片袖，袖长至手腕处。领子为翻驳领。面料多采用中厚型的薄呢、混纺、化学纤维面料。服装的整体风格较为合体，造型简洁，休闲时尚。此款服装的成衣工艺为常规工艺形式，无特殊工艺要求。

三、服装效果图转换成平面款式图

将图 8-1 服装效果图转换成平面款式图，如图 8-2 所示。

图 8-2　服装效果图转换成平面款式图

一、号型规格

1. 号型规格设计

选取女子中间体 160/84A，确定中心号型的数值，然后按照各自不同的规格系列计算出相关部位的尺寸，通过推档而形成全部的规格系列。查服装号型表可知：160/84A 对应坐姿颈椎点高 62.5cm、胸围 84cm、肩宽 39.4cm、全臂长 50.5cm。

（1）衣长规格的设计

衣长＝坐姿颈椎点高 ±X，或者（2/5）号＋X。

此款女大衣衣长＝（2/5）×160cm ＋ 32cm ＝ 96cm。

（2）胸围规格的设计

胸围＝人体净胸围＋X。

此款女大衣 $X = 12$cm，即胸围 $= 84$cm $+ 12$cm $= 96$cm。

（3）肩宽规格的设计

肩宽 $=$ 人体净肩宽 $\pm X$，或者（3/10）B $+$（11～13cm）。

此款女大衣肩宽 $= 28.8$cm $+ 12.2$cm $= 41$cm。

（4）袖长规格的设计

袖长 $=$ 全臂长 $\pm X$，或者（3/10）号 $+$（7～10cm）。

此款女大衣袖长 $= 48$cm $+ 7.5$cm $= 55.5$cm。

（5）袖口规格的设计

袖口 $=$ 腕围 $+ X$，或者依经验取值。

本款女大衣袖口取经验值13.7cm。

2. 系列规格表（见表8-1）

表8-1 女大衣系列号型   单位：cm

部位	号型					档差
	150/76A	155/80A	160/84A	165/88A	170/92A	
衣长L	92	94	96	98	100	2
胸围B	88	92	96	100	104	4
肩宽S	39	40	41	42	43	1
袖长SL	52.5	54	55.5	57	58.5	1.5
袖口CW	13.1	13.4	13.7	14	14.3	0.3

二、母版设计

1. 选取160/84A为母版规格进行结构设计，结构设计参考公式（见表8-2）

表8-2 女大衣计算公式   单位：cm

部位	公式	数据	部位	公式	数据
前领深	B/12＋1	9	后领口深		2.5
前胸围线	B/5＋（4～5）	24.2	后胸围线	B/5＋（4～5）	24.2
前腰节线	号/4	40	后腰节线	号/4	40
前落肩	B/20	4.8	后落肩	B/20−0.5	4.3
前肩宽	S/2	20.5	后肩宽	S/2＋0.5	21
前领宽	B/12	8	后领宽	B/12	8
前胸宽	B/6＋1	17	后背宽	B/6＋1.5	17.5
前胸围大	B/4	24	后胸围大	B/4	24
袖肥	B/5−（0.5～1）	18.7	袖山斜线	AH/2＋0.5	24

注：袖山高也可用公式B/10+X来计算，AH＝48cm。

2. 结构制图（见图8-3）

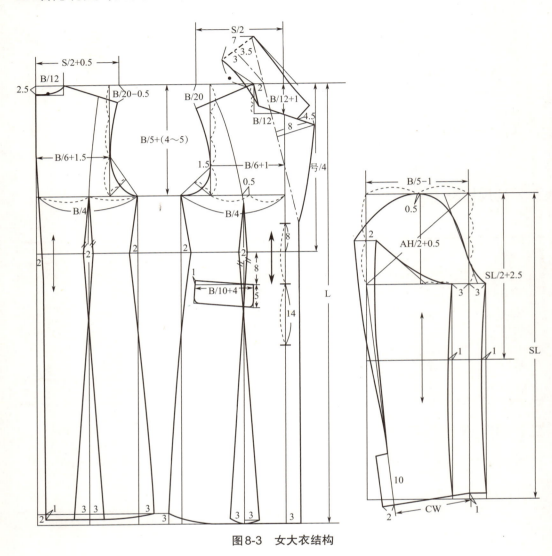

图8-3 女大衣结构

三、调版

首先要对各部位的规格进行验证，包括衣长、胸围、肩宽、袖长、袖口。同时还要对领宽、口袋等细部尺寸进行复核，对不太顺的弧线要进行调整，使大衣版型既达到穿着的实用性，又具有装饰性。女士大衣主要调整的部位有以下几个方面。

1. 袖窿弧线检验

基础样版绘制好后要进行纸样拼接检验，观察各部位线条的形态是否标准。通过检验确保袖窿弧线圆顺、流畅。见图8-4所示。

2. 袖山弧线和袖侧缝线的检验

袖山弧线圆顺与否是袖子能否达到完美的关键，确定出袖山对位点。袖侧缝的长度检验，只有在版型设计上充分考虑相关因素，才可以减少修改的概率。见图8-5所示。

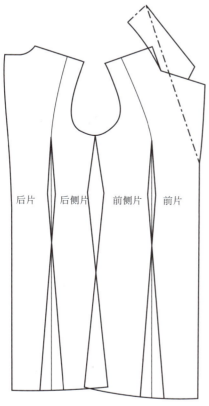

图8-4 女大衣袖窿弧线检验

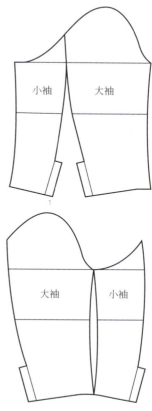

图8-5 女大衣袖子线条检验

3. 袖窿弧线与袖山弧线吻合程度的复核

袖山吃势（袖山弧长与袖窿弧长的差值）要根据面料的厚薄及性能而定，毛料的吃势大约4～5cm；化纤料的吃势大约2.5～3cm。这样可以形成肩端处圆顺饱满的造型。另外，还要对各部位的对位标记进行复核，确保各部位吃势在控制范围之内，为工艺制作提供理论依据。衣身领窝红色对应领子的红色。见图8-6所示。

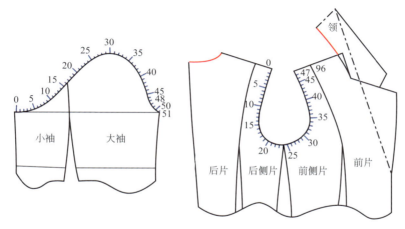

图8-6 对女大衣袖窿弧线和袖山弧线进行检验

四、样版放缝及标注

（1）根据净样版放出毛缝，衣身样版的侧缝、肩缝、袖窿、领口等一般放缝1cm，前门襟止口、后中放缝1.5～2cm，下摆折边宽一般为4cm，见图8-7所示。

（2）袖子的放缝同衣身，袖山弧线、内外袖缝放缝1cm，袖口折边3.5～4cm，如图8-8所示。

（3）挂面一般在肩缝处宽3～4cm，止口处宽7～8cm。挂面除底摆折边宽为4cm外，其余各边放缝1cm。

（4）袋盖的上口放缝1.5cm，其余各边放缝2cm。

（5）女大衣的领面周边放缝1.5cm，也可做分领座处理。领里材料为领底绒，缝份加放一种是不放缝，四周用三角针与领面绷住；另一种是领角放缝，即在领角和串口线的前一部分合缝，需要放缝1cm缝份，见图8-8所示。

女大衣样版的放缝并不是一成不变的，其缝份的大小可以根据面料性能、工艺处理方法等不同而做相应的变化。同时，对女时装样版进行文字标注和定位标记。

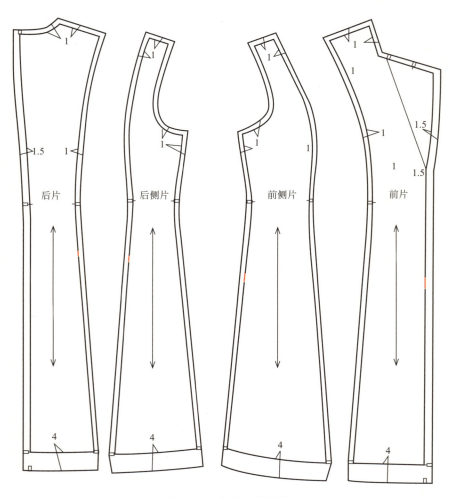

图8-7　女大衣衣片放缝

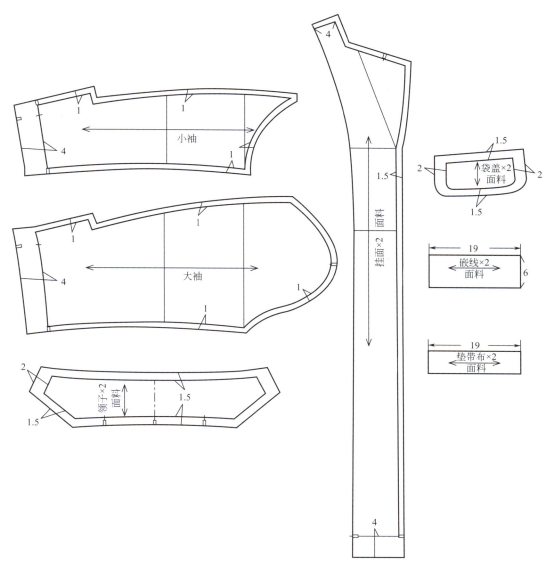

图 8-8 女大衣袖片零部件放缝

五、附件设计

女大衣里子设计是在母版的基础上根据缝制要求和里面配套关系而进行的，为了使面子不受影响，里子设计都要适当加大一些松量。因为当人体运动时，女大衣里子难以适应人体肌肉拉伸的变化，再加上里料的拉伸性能较弱，紧裹人体会导致拉断缝线。通常在肩部设计一个锥形活褶，在里子腋下缝处设计一个平行活褶，这都是为了满足肩关节里侧锁骨下窝处和肩关节之下腋窝处肌肉拉伸变化较大的需要，如图 8-9 所示。

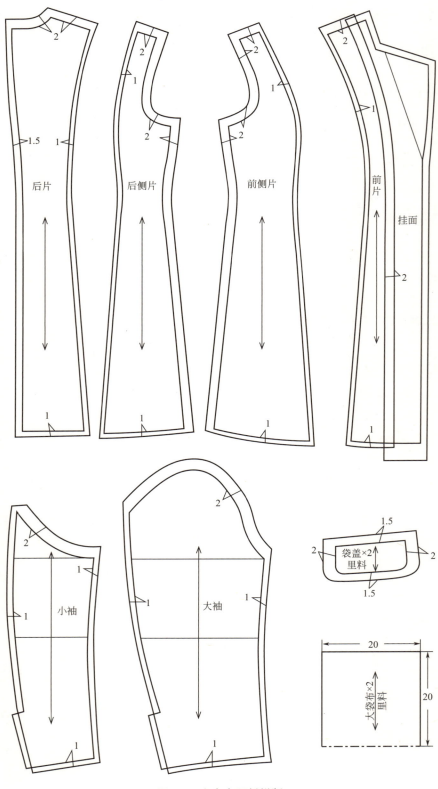

图8-9 女大衣里料样版

六、推版

女大衣主要控制部位的档差见表 8-3。

表 8-3　女大衣主要控制部位档差及代号（5·4 系列）　　　　单位：cm

部位	档差	代号
号	5	号$_0$
衣长 L	2	L$_0$
胸围 B	4	B$_0$
肩宽 S	1	S$_0$
袖长 SL	1.5	SL$_0$
袖口 CW	0.3	CW$_0$

1. 女大衣前片及前侧片推版（见表 8-4、图 8-10、图 8-11）

以胸围线为 X 轴，以前中线为 Y 轴，这样只是在长度上把女大衣分为上下两个部分，在围度上没有分割。

表 8-4　女大衣前片及前侧片推档部位计算　　　　单位：cm

部位	关键点	规格档差和部位档差计算公式 X 轴数值和方向	规格档差和部位档差计算公式 Y 轴数值和方向
女大衣前片	A	$X_A = B_0/12 = 0.33$；反向	$Y_A = B_0/5 = 0.8$；正向
	B	$X_B = B_0/12 = 0.33$；反向	$Y_B = B_0/5 - B_0/12 = 0.47$；正向
	C	$X_C = B_0/12 = 0.33$；反向	$Y_C = B_0/5 - B_0/12 = 0.47$；正向
	D	$X_D = 0$	$Y_D = B_0/5 - B_0/12 = 0.47$；正向
	E	$X_E = S/2 = 0.5$；反向	$Y_E = B_0/5 - B_0/20 = 0.6$；正向
	F	$X_F = 0$	$Y_F = 0$
	G	$X_G = 0$	$Y_G = $号$/4 - B_0/5 = 0.45$；反向
	H	$X_H = 0$	$Y_H = L_0 - B_0/5 = 1.2$；反向
	I	$X_I = B_0/6 × (1/2) = 0.33$；反向	$Y_I = L_0 - B_0/5 = 1.2$；反向
	J	$X_J = B_0/6 × (1/2) = 0.33$；反向	$Y_J = $号$/4 - B_0/5 = 0.45$；反向
	K	$X_K = B_0/6 × (1/2) = 0.33$；反向	$Y_K = 0$
前侧片	L	$X_L = S/2 = 0.5$；反向	$Y_L = B_0/5 - B_0/20 = 0.6$；正向
	M	$X_M = 0$	$Y_M = B_0/5 - B_0/20 = 0.6$；正向
	N	$X_N = 0$	$Y_N = 0$
	O	$X_O = 0$	$Y_O = $号$/4 - B_0/5 = 0.45$；反向
	P	$X_P = 0$	$Y_P = L_0 - B_0/5 = 1.2$；反向
	Q	$X_Q = B_0/4 - X_K = 0.67$；反向	$Y_Q = 0$
	R	$X_R = X_Q = 0.67$；反向	$Y_R = $号$/4 - B_0/5 = 0.45$；反向
	S	$X_S = X_Q = 0.67$；反向	$Y_S = L_0 - B_0/5 = 1.2$；反向

注：侧片在推版时，MNOP 可以和前片 EKJI 相同，这样在推版时可以在侧缝处推 B$_0$/4；也可以保持不动，在侧缝上推 B$_0$/4 - 前胸宽档差的一半 = 0.67。

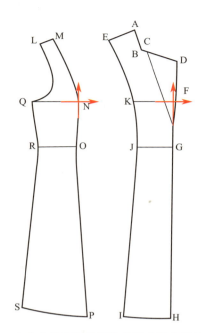 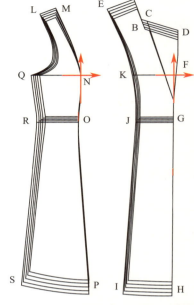

图 8-10　女大衣前片和前侧片关键点及坐标轴设置　　图 8-11　女大衣前片及前侧片推版全档图

2. 女大衣后片及后侧片推版（见表8-5、图8-12、图8-13）

表 8-5　女大衣后片及后侧片推档部位计算　　　　　　　　　　单位：cm

部位	关键点	规格档差和部位档差计算公式	
		X轴数值和方向	Y轴数值和方向
女大衣后片	A	$X_A = B_0/12 = 0.33$；正向	$Y_A = B_0/5 = 0.8$；正向
	B	$X_B = 0$	$Y_B = B_0/5 = 0.8$；正向
	C	$X_C = S/2 = 0.5$；正向	$Y_C = B_0/5 - B_0/20 = 0.6$；正向
	D	$X_D = 0$	$Y_D = 0$
	E	$X_E = B_0/4 \times 1/2 = 0.5$；正向	$Y_E = 0$
	F	$X_F = B_0/4 \times 1/2 = 0.5$；正向	$Y_F = 号_0/4 - B_0/5 = 0.45$；反向
	G	$X_G = B_0/4 \times 1/2 = 0.5$；正向	$Y_G = L_0 - B_0/5 = 1.2$；反向
	H	$X_H = 0$	$Y_H = L_0 - B_0/5 = 1.2$；反向
	I	$X_I = 0$	$Y_I = 号_0/4 - B_0/5 = 0.45$；反向
后侧片	J	$X_J = 0$	$Y_J = B_0/5 - B_0/20 = 0.6$；正向
	K	$X_K = S_0/2$	$Y_K = B_0/5 - B_0/20 = 0.6$；正向
	L	$X_L = 0$	$Y_L = 0$
	M	$X_M = 0$	$Y_M = 号_0/4 - B_0/5 = 0.45$；反向
	N	$X_N = 0$	$Y_N = L_0 - B_0/5 = 1.2$；反向
	O	$X_O = B_0/4 \times 1/2 = 0.5$；正向	$Y_O = L_0 - B_0/5 = 1.2$；反向
	P	$X_P = B_0/4 \times 1/2 = 0.5$；正向	$Y_P = 号_0/4 - B_0/5 = 0.45$；反向
	Q	$X_Q = B_0/4 \times 1/2 = 0.5$；正向	$Y_Q = 0$

注：侧片在推版时，JLMN可以和后片CEFG相同，这样在推版时可以在侧缝处推$B_0/4$；也可以保持不动，在侧缝上推$B_0/4 \times 1/2 = 0.5$。

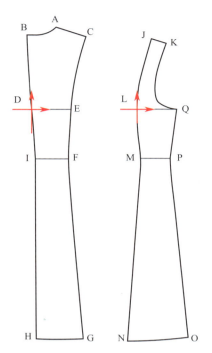

图8-12 女大衣后片和后侧片关键点及坐标轴设置

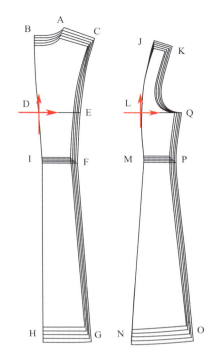

图8-13 女大衣后片及后侧片推版全档图

3. 女大衣大袖及小袖推版（见表8-6、图8-14、图8-15）

表8-6 女大衣大袖及小袖推档部位计算　　　　　　　　　单位：cm

部位	关键点	规格档差和部位档差计算公式	
		X轴数值和方向	Y轴数值和方向
大袖	A	$X_A = (B_0/5)/2 = 0.4$；反向	$Y_A = B_0/6 = 0.67$；正向
	B	$X_B = B_0/5 = 0.8$；反向	$Y_B = 2(B_0/6)/3 = 0.44$；正向
	C	$X_C = B_0/5 = 0.8$；反向	$Y_C = 0$
	D	$X_D = 0$	$Y_D = 0$
	E	$X_E = X_G = 0.3$；反向	$Y_E = Y_G = 0.83$；反向
	F	$X_F = X_G = 0.3$；反向	$Y_F = Y_G = 0.83$；反向
	G	$X_G = CW_0 = 0.3$；反向	$Y_G = SL_0 - (B_0/6) = 0.83$；反向
	H	$X_H = 0$	$Y_H = SL_0 - (B_0/6) = 0.83$；反向
小袖	B1	$X_{B1} = B_0/5 = 0.8$；反向	$Y_{B1} = 2(B_0/6)/3 = 0.44$；正向
	C1	$X_{C1} = B_0/5 = 0.8$；反向	$Y_{C1} = 0$
	D1	$X_{D1} = 0$	$Y_{D1} = 0$
	E1	$X_{E1} = X_{G1} = 0.3$；反向	$Y_{E1} = Y_{G1} = 0.83$；反向
	F1	$X_{F1} = X_{G1} = 0.3$；反向	$Y_{F1} = Y_{G1} = 0.83$；反向
	G1	$X_{G1} = CW_0 = 0.3$；反向	$Y_{G1} = SL_0 - (B_0/6) = 0.83$；反向
	H1	$X_{H1} = 0$	$Y_{H1} = SL_0 - (B_0/6) = 0.83$；反向

注：表中显示为扩大号型的方向，若是缩小号型则方向相反。

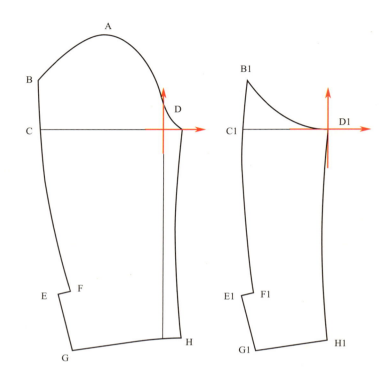

图8-14 女大衣大袖和小袖关键点及坐标轴设置

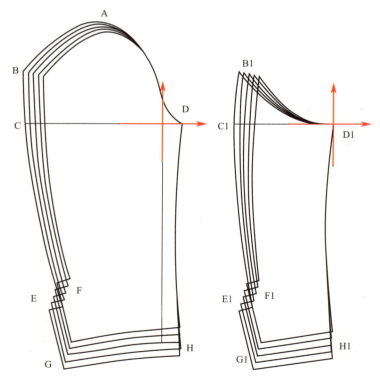

图8-15 女大衣大袖及小袖推版全档图

4. 女大衣零部件推版（图8-16）

（1）领片：宽度不变，长度在后中和串口线上分别按每档"$B_0/12=0.33cm$"进行推档。

（2）袋盖、嵌线：宽度不变，长度按每档"$B_0/10=0.4cm$"进行推档。

（3）挂面：挂面宽度不变，下摆纵向推 1.2cm，领口纵向推 0.8cm。

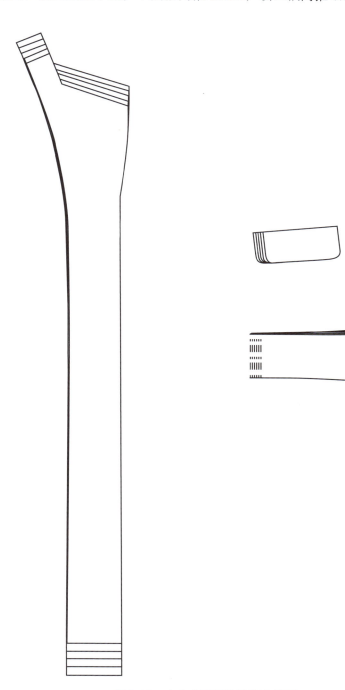

图 8-16　女大衣零部件推版全档图

案例链接　身残志坚的女服装制版师　坚持用微笑面对人生

33年前，刚出生6个月的郁从霞不幸患上小儿麻痹，从此，她的右腿落下残疾。33年后，下瓦房街居民郁从霞成为一家服装公司的专业"打版师"——服装制版师。回首33年的风雨路，她总说："虽然充满苦辣酸甜，但我始终坚持用微笑面对人生。虽然上天和我开了个玩笑，可我坚信，用自己的双手，一定能打开生活的另一扇窗。"

当年，郁从霞报考本市某高校装饰艺术系，但最终因身体残疾等原因没被录取。屡受打击的她，在接近绝望的时候，鼓起勇气给残联写了封信。在残联工作人员的引见下，郁从霞和肢残画家卢东升结识。看到身患残疾的卢东升用左手画画，郁从霞既感到震惊，又打心眼儿里佩服。正是从卢东升的身上，郁从霞那颗有些冷却的心又看到了希望。跟随卢东升学画画后，郁从霞最终以专业第二名的好成绩被天津工艺美院录取。考上大学后，除去学校的课程，郁从霞还利用业余时间参加了服装CAD学习。她的十几幅作品，也被收入学校优秀作品集。

参加工作后，郁从霞先后在几家服装公司工作，几年前才来到现在这家公司做起专业"打版师"。内行人都知道，一名优秀的打版师必须在设计领域有自己独到的见解。在这方面，郁从霞毫不逊色于其他人。服装制版，要求技术性极强，一件成品版型，包含着无数繁复的细节，需要对人体结构、尺寸、部位准确把握，既要技术熟练，还要经验丰富、手眼灵活，而这些郁从霞都做到了。她的努力，终于得到了回报。2000年时，她参加全国首届残疾人技能选拔大赛服装设计项目，获得天津赛区第一名、全国第三名。2007年，她又在第三届残疾人技能选拔大赛服装制版项目中夺得天津赛区第一名。

现在，作为一名资深专业打版师，郁从霞既充实又快乐，对生活充满着新的期待。她说，不论是家人、老师，还是残联的工作人员，甚至公交车上给她让座的素不相识的人们，每时每刻都会让她充满信心，热爱生活。

思考

1. 郁从霞为什么能够成功？
2. 作为一名制版师除了具备专业知识外，还应具备哪些方面？

任务拓展

根据提供的母版，自主设计档差和坐标轴，进行工业推版（扩大和缩小各一号），见图 8-17、图 8-18。

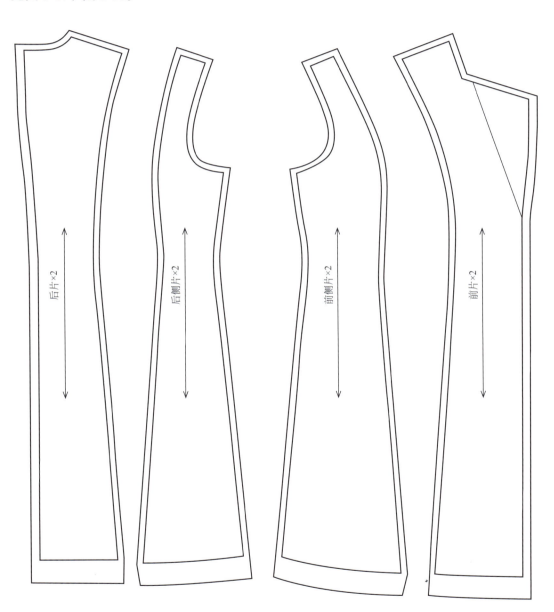

图 8-17　女大衣母版 1

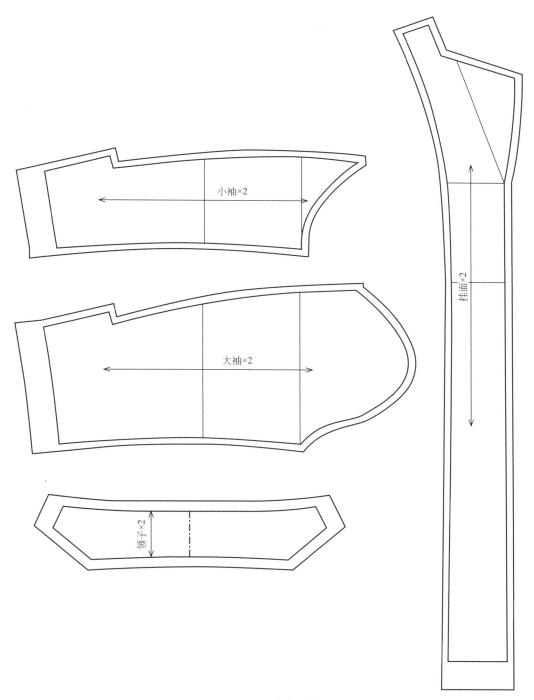

图8-18 女大衣母版2

岗位实训

实训项目	根据效果图进行服装工业制版				
实训目的	1.能够看懂效果图，正确地分析款式特点。 2.能够设计制作母版，并进行推版。 3.能够运用所学知识，进行工艺文件的编制				
项目要求	选做		必做	是否分组	每组人数
实训时间				实训学时	学分
实训地点				实训形式	
实训内容	某服装公司设计人员，根据市场需求设计了几款大衣，请您根据提供材料，任选一款大衣进行服装工业制版，见图8-19。  图8-19　大衣				

续表

实训材料	打版纸、拷贝纸
实训步骤及要求	评分标准及分值
1.效果图分析 要求：对效果图进行款式分析、面料分析、控制部位分析、工艺分析	对样衣的分析、定位准确，版型结构合理，比例正确，不符酌情扣2～15分。分值：15分
2.成品规格设计 要求：通过测量实物获取成品规格，并进行系列规格设计	各部位规格尺寸设计合理，一处不符扣1分，扣完为止。分值：15分
3.母版设计 要求：根据实物特点，进行结构制图和结构设计。 结构设计与实物一致合理，母版数量齐全，样版线条流畅	样版（或裁片）数量齐全，缺一处扣1分，扣完为止。 各缝合部位对应关系合理，一处不符合扣1分，扣完为止。 各部位线条顺直、清晰、干净、规范，不符处酌情扣1分，扣完为止。 分值：15分
4.毛版设计 要求：样版分割合理，缝份准确。样版文字标记和定位标记准确	各部位放缝准确，一处不符合扣1分，扣完为止。 样版文字说明清楚，用料丝缕正确，一处不符合扣1分，扣完为止。 定位标记准确、无遗漏，一处不符合扣1分，扣完为止。 分值：20分
5.推版 要求：推版公共线选取合理，关键点准确，计算准确，绘制标准	推版计算合理，一处不符合扣1分，扣完为止。 分值：20分
6.编制生产工艺单 要求：工艺文件填写完整、准确、具有适应性和可操作性	填写不完整扣5分，错误一处扣5分，扣完为止。 分值：15分
学生自评	
教师评价	
企业评价	

任务八 根据效果图进行服装工业制版

存在的主要问题：	收获与总结：

今后改进、提高的情况：

第二模块 服装工业制版

自我分析与总结2

存在的主要问题：

收获与总结：

今后改进、提高的情况：

第三模块

服装工业排料

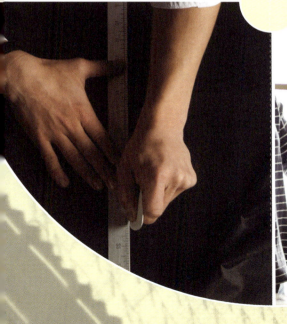

任务九

综合应用

知识
1. 熟悉服装排料要求。
2. 理解服装排料规则。
3. 掌握裁剪方案的制订方法。

技能
1. 能够进行服装排料。
2. 能够独立制订裁剪方案。
3. 能应用和编制裁剪工艺文件。

素质
1. 培养学生具备较高的政治思想觉悟,良好的行为规范和较高的职业素养。
2. 培养学生高度的责任感和严谨精细的工作作风。
3. 培养学生的团队合作意识。
4. 培养学生自主学习、自主探究的能力。

任务描述

某服装公司计划生产1000件女式上衣,生产任务单见表9-1。该任务主要是通过对实例的练习来掌握任意款式服装从打版、推版、排料到裁剪方案制订的整个过程,并以此为载体理解排料和裁剪方案制订的相关知识。

表9-1　生产任务单　　　　　　　　　　　　　　单位:件

规格	XS	S	M	L	XL	合计
数量	100	200	400	200	100	1000

任务要求

1. 学生准备好制图工具。
2. 为便于教学演示,建议教师使用服装CAD进行该任务的实施。
3. 教师引导学生分析生产任务单和款式图,完成打版、推版、排料图的制订和绘制等。

知识点一
服装排料

服装排料又称为服装排版、套料、排唛架等，是服装产品排料图的设计过程，是将服装纸样依工艺要求在纸张或指定幅宽的服装材料上科学排列，形成能紧密啮合的不同排列组合，以最小面积或最短长度排出用料定额。目的是使材料的利用率达到最高，以降低生产成本，同时给铺料、裁剪等工序提供可行的依据。排料技术的高低对材料耗用标准、经济效益、服装质量等都有直接的关系，在服装生产中是一项关键性工作。

一、排料要求

服装排料应适应生产加工的条件和要求，本着节约用料、降低材料损耗的原则，注意样版的正反面和服装部位的对称性，以免出现"一顺"现象，还要留意材料的方向性和表面外观特性，观察布面绒毛、光泽、图案、条格的变化规律和风格特征，注意色差和瑕疵，避免制作出的成衣外观出现差错。总之，排料是技术性很强的一项工作，只有通过长期的实践并总结经验，才会掌握排料技巧。

1. 保证布料的经向与样版经向一致

如果布料的经向和样版的经向不一致，缝制后的成衣就会出现衣襟歪斜、裤腿扭斜等状况，严重的会影响到服装的外观和穿着时的功能性，因此排料时必须保证布料的经向和样版的经向一致（需要采用纬向和斜向的在样版上要特别注明），排料时要在排料图上做经向标记。如图9-1所示。

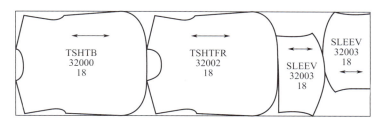

图9-1 布料与样版经向一致

2. 保证衣片的左右对称

大多数款式的服装衣片是左右对称的，所以在排料时，每件服装的所有对称衣片都要排上。

3. 保证服装材料正反面的正确

一般排料画样都画在服装材料的反面，对于左右不对称款式的服装样版，如果忽视了材料正反面，就会出现裁剪的衣片与设计的服装款式方向相反的现象。

4. 保证面料方向的正确

对于有方向性的面料，如绒毛类、条格类、带有花纹图案的面料，排料时样版要按同一方向排，以保证制成的服装各部位在光泽、图案、花纹和手感上的一致，另外条格类面料还要考虑衣片衔接处的对条与对格。

5. 节约用料

排料时要尽可能充分利用面料，可采用多件套排，尽量减少空余面积。

二、排料规则

因为工业排料是针对批量服装的生产，排料时既要针对成衣外观特点，保证裁片的规格质量，又要节约原料，所以，排料时必须以一定的理论根据为指导，结合实践经验技术，合理排料。排料图总宽度比下布边进1cm，比上布边进1～2cm为宜，以防止排出的裁剪图比面料宽，同时，可避免由于布边太厚而造成裁出的衣片不准确。

1. 方向规则

通常面料的经向、纬向和斜向的性能有所不同，沿经向拉伸变形小，而沿纬向拉伸变形稍大，斜向更大。不同服装款式或服装部位在用料上会根据设计要求和着装舒适要求有直料、横料和斜料之分。因此，在服装样版上，各个衣片一定要注明经纱的方向，使排料人员在排料时有明确的技术依据。

画样时经纬向必须准确，画样前首先要辨清样版的经向、纬向和斜向，样版的纱线取向关系到产品的结构以及表面的造型，为此，无论画样的方法如何，经、纬、斜向是不可任意改变的。

对没有倒顺方向、图案的材料可以将衣片调转方向进行排料，达到提高材料利用率的目的，叫做倒顺排料；对于有方向和图案区别的材料则不能倒顺排料；对于格子面料，尤其是鸳鸯格面料在排料时一定做到每一层都要对应相应位置，并且正面朝向要一致。各种丝缕符号线如表9-2所示。

表9-2　各种丝缕符号线

丝缕符号线	↕	↕	↓	↓	↓
含义	衣片可上下左右翻转摆放，排料随意性较大	衣片可上下左右翻转摆放，排料随意性较大	衣片不可上下翻转摆放，可左右翻转摆放，多用于倒顺毛面料中	衣片可上下翻转摆放，不可左右翻转摆放，排料随意性较小	衣片不可上下左右翻转摆放，多用于单片衣片的排料中

2. 大小主次规则

从材料的一端开始，按先大片后小片，先主片后次片排料，零部件则穿插在大片与大片之间的空隙中排列，有效地提高面料利用率。

3. 紧密套排规则

服装样版有大有小，边缘形状也各不相同，有直、斜、方、圆、凹、凸、长、短等，在满足上述规则的前提下，根据样版特征采取直边对直边、斜边对斜边、凸缘对凹口，这样样版相互间才能靠近套排，减少缝隙，达到节省材料的目的。如图9-2所示是凸缘对凹口的示意图。

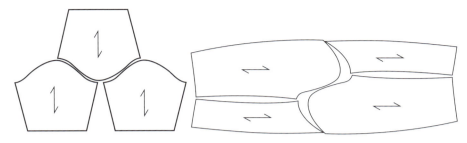

图9-2 凸对凹排料

衣片与衣片之间靠近画样，在不影响规格和剪割质量的前提下，可以相邻两衣片并用一条线（一般指直线部位），一刀裁开，这样可以省画或省割一条画线，提高排料和剪割布料的效率。如图9-3所示为前后片侧缝并用一条线。

若样版不能紧密套排，不可避免出现缝隙时，可将两片样版的缺口合并，使空隙加大，在空隙中再排入小片样版。

有些次要部位样版在摆放时若占用空间较大，则可以考虑进行拼接，如里襟、贴边、领里、腰里等，将整片分割成两片或几片小片，便于排料于空隙部位，待缝制时拼装而成，但是这种方法须征得客户同意，同时也会给生产带来麻烦。

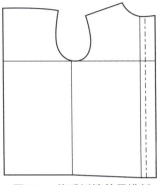

图9-3 前后侧缝并用排料

4. 系列规格搭配规则

当需裁剪系列规格服装时，可将不同大小规格的样版相互搭配，统一摆排，实现合理用料。如图9-4中为39和40两个规格样版的紧密套排。

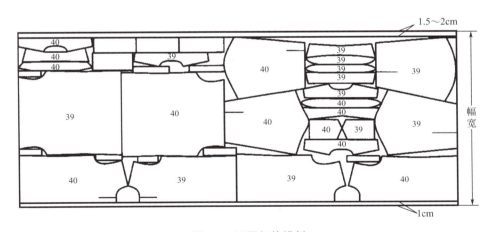

图9-4 不同规格排料

5. 两端排齐规则

排料的起始端和结束端要排齐，不能有突出的部位，并在两端画上与布边垂直的线。

6. 避免色差规则

进行拼接与缝合的衣片，其拼接部位的一侧要排在布料的内侧，因为布料两侧的颜色会有一定的差异，缝合后两侧的色差就较为明显，影响服装的外观质量和等级。

7. 做好标记规则

排料结束后，要在排料图的末端注明服装的编号、号型、幅宽、长度等数据，在每片衣片上注明编号、号型、缝制定位标记等。

8. 衣片的对称性规则

组成服装的衣片一般是左右对称的，因此在排料时，要特别注意将样版正、反各排一次，确保裁出的衣片为一左一右的对称衣片，并注意避免漏排。

在任何排料情况下，都必须按样版的大小画样，原因是样版工程部门制作的样版已经经过严格的检查和复核，其中包括缩水率、缝份等各种可能影响规格尺寸的因素都已经考虑周到，是工业画样的主要依据，为此，画样的形状、规格必须与样版制作意图相吻合，不能随意更改。

三、条格面料的排料

条格面料服装是备受消费者喜欢的服装之一，条格面料服装在排料时，要充分考虑条格位置的安排，即要达到横向格对齐，纵向格对称的要求。如前后片左右两衣片的横向格要对齐，纵向条格要对称；大、小袖片横向对格，左右两袖纵横格位置对称；袖子与衣身横向要对格；领子与衣身、挂面与衣领、口袋与衣身等部位的条格配置要合适。为了减少误差，条格面料的排料一般直接排在布料上，然后再进行铺料。

1. 横向格对齐

在排料时，常用的横向格对齐的方法有以下几种。

（1）以侧缝为基准　将前后衣身的侧缝确定在横格的位置上，即前后衣身的胸围线、腰围线和底摆线都在相同横格位置，如图9-5所示。

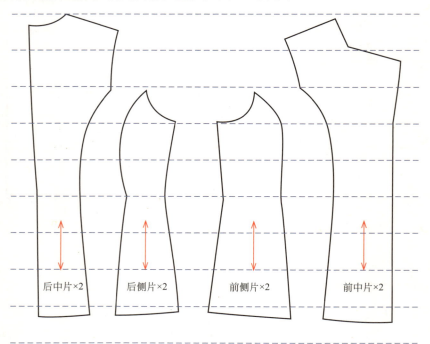

图9-5　以侧缝为基准排料

（2）对称排列　对于前止口为垂直状的衣片，为使前门襟处准确对格，可将左右衣片排在一起，裁剪时中间先不裁开，等全部剪下来后再断开。袖子的袖口呈水平状态，并且面料不是阴阳格时，也可以使用这种简单有效的方法进行排料，如图9-6所示。

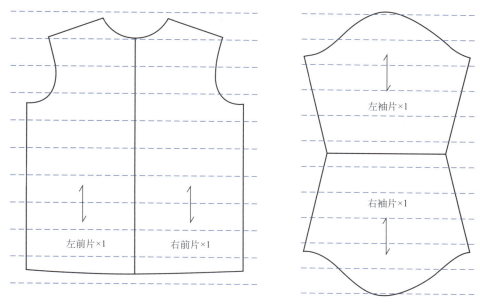

图9-6　对称排列排料

（3）以绱袖对位点为基准　排料时按照绱袖对位点确定衣身和袖子的对应位置，这种方法可以使衣身和袖子的横格准确对齐，如图9-7所示。

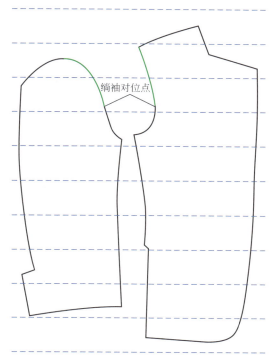

图9-7　以绱袖对位点为基准排料

2. 纵向条对称

纵向条对称是指左右衣片和袖子的纵向条格要对称于衣身的前后中心位置，方法如下。

（1）衣身前后中心线位置一般确定在两条纵向条格的中间或主要的纵向条格上，对于有背缝设计的款式，在后背缝缝合后，两侧条格向里收进的造型必须对称，如图9-8所示。

（2）左右两片袖子的纵向条要对称，不论一片袖还是两片袖，都需要在样版上做对称标记，再按标记对准面料上相应条格进行排料，如图9-9所示。

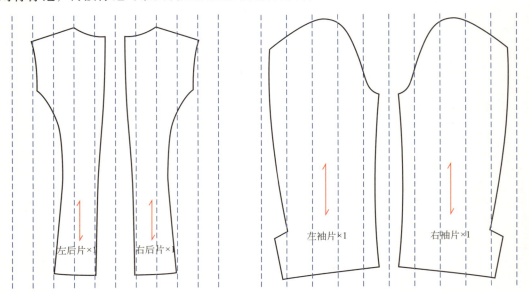

图9-8　后中心位置的纵向条对称排料　　　　图9-9　左右袖的纵向条对称排料

四、排料画样方法

1. 直接画法

将衣片样版直接在材料的表层排列，用画粉等工具沿样版边缘描画下来，这样既节省、线条也清晰。但是这种绘制方法不适用于薄衣料，因为线条容易透至衣料正面，使衣料受到污染，多用于颜色较深的厚衣料，然而对于需要对条格的面料，则必须采用直接画法绘制排料图，否则很难使衣片条格对齐。

2. 纸上画样法

将衣片样版在一张与服装材料同宽的画样纸上按要求排好后，沿样版边缘把排料图描画下来，然后铺在材料上裁剪，这是常见的排料图绘制方法之一，多用于夏季薄料服装的样版排列，排料图一次性使用。若一张排料图无法完成裁剪任务，可以用专门的复写纸同时复制几张排料图用于裁剪，或者用服装CAD排料后多次输出。纸上画样法的优点是避免了直接画法的污染，缺点是费工费事且易走刀。

3. 穿孔印法

将衣片样版在一张与材料同宽的平挺、光滑、耐用、不抽缩变形的纸上排好，画出排料图，然后按画好的衣片边缘轨迹准确、等距、细密地打孔。将这张带有针孔的排料图放在布料上，沿着孔洞喷粉或用刷子扫粉后把排料图取走，在布料上就会出现样版排列的形状，按此粉印形状即可进行裁剪。由穿孔印法绘制的排料图能使用多次，多用于大批量生产，经常要"翻单"的裁剪。排料图上的衣片轨迹可在平缝机上利用断针扎出，或用激光打出孔洞。

4. 电脑绘制法

用服装 CAD 绘制完成服装的系列规格结构图，然后将系列规格服装的裁剪样版、布匹的幅宽、布边的预留宽度、对条对格要求等设置好，软件的排料系统会根据这些信息自动绘出排料图，也可以人机互动，由操作人员对系统生成的自动排料图进行调整，得到最佳排料图。使用服装 CAD 进行排料速度快、效率高，根据生产需要可以打印输出缩样排料画样图，也可以用绘图仪输出 1∶1 的裁剪图，还可以与服装 CAM（计算机辅助生产系统）联机使用，进行自动裁剪。

五、关于批量和段长分析

服装企业生产的是面向某一人群的号型服装，生产数量大，因此排料时不可能单层排料，只能将材料截断为多个合理的长度，重叠放置后排料。另外批量服装要分成多个号型，不同的号型在该批服装中所占的比例也不同，一般是中间号型比例大，两头号型比例小。

1. 号型比例

不同号型在批量服装中所占比例是一个经验数据，这个比例因地域不同而有所变化。在我国南方，小号型所占比例偏高，北方大号型所占比例偏高。按照中间大、两头小的原则，分为大、中、小三个号型，参考比例为南方 3∶5∶2、北方 2∶5∶3；分为 5 个号型时的参考比例为南方 1∶3∶3∶2∶1、北方 1∶2∶3∶3∶1。当然这只是理论分析，具体应该按销售反馈信息来确定和及时调整比例。

2. 段长的确定

由于场地和设备的限制，段长不可能太长，可以按一个比例组 10 件为一个单元，进行电脑制图试排。根据场地和设备情况，可以作为一个段长，大小号混合交叉排料，也可以分为两个段长，5 个号型为一个段长，进行混合排料，以便达到节省材料的目的。

3. 层数的确定

在确定了段长、每个段长所能容纳的服装件数、一个比例组所能容纳的服装件数和生产服装的总件数，就可以计算出层数和用料总量。

知识点二

裁剪方案制订

服装裁剪的主要任务是把各类面辅料按照样版裁成裁片，以供缝制使用，其具体任务是制订裁剪方案、排料、铺料、裁剪、验片、打号、分扎等。裁剪是服装在车间实际生产过程中的第一个环节,其质量直接影响到后面的缝制及后整理质量。同时,裁剪中裁出的衣片是数十成百件同时进行的,一旦出现问题,服装的质量问题也是批量出现,直接关系到产品的成本。因此,裁剪是服装生产的重要环节,必须按照生产要求严格进行,产品质量才能得到保证。

制订裁剪方案是裁剪能否顺利进行的基础,也关系到材料的有效利用,合理的裁剪搭配方案能够把计划生产的规格、颜色、数量合理地进行安排,使材料的损耗降至最低,生产效率达到最高。

一、制订裁剪方案的内容

(1)每层排料的规格和数量;
(2)各种颜色的搭配层数;
(3)每床的铺料层数;
(4)需要的裁床数量。

二、制订裁剪方案的原则

1. 符合生产条件

制订裁剪方案时要充分考虑到企业的生产条件,铺料层数受到铺料台的长度和宽度、裁剪设备、操作人员的技术水平和所裁材料的影响,排料件数和铺料长度也受到裁床长度的限制。

2. 节约用料

采用套排的形式来排料是节约用料的有效途径,如上下装套排,大小号套排等。

3. 提高生产效率

通过尽量增加铺料长度、层数和尽可能采用先进机械设备的生产方式来达到提高生产效率的目的。

4. 符合均衡生产的要求

对于生产任务较大的情况,比如是多种规格和多种颜色的,就要考虑把多种颜色和多种规格搭配裁剪,以使各颜色和各规格的产品能一同出厂。

三、制订裁剪方案的步骤

(1)算出各颜色、各规格的服装数量的比例;
(2)确定套排的件数和规格;
(3)确定每床不同颜色的铺料层数和总层数;
(4)确定裁床数;
(5)做出裁剪方案表。

四、制订裁剪方案的实例

在企业实际的服装生产中,生产任务一般有以下4种情况:各号型数量、颜色都相同(均码均色);各号型数量相同,但颜色不同(均码不均色);各号型数量不同但颜色相同（不均码均色）；号型数量和颜色都不相同（不均码不均色）。在制订生产方案时，要根据不同的生产任务，在符合上述原则的前提下，同时制订出几个方案，从中选出最佳的方案。

实例 1 某服装公司的生产任务是生产各号型数量不同，颜色相同（不均码均色）的一款服装 1600 件，具体要求见表 9-3。

表 9-3　某生产任务订单　　　　　　　　　　　　　　　单位：件

规格	S	M	L	XL	XXL	总计
数量	200	300	500	300	300	1600

按照上述任务，可制订表 9-4～表 9-6 所示的三种方案。

表 9-4　方案一

床次	排料件数					每层件数	铺料层数	每床件数
	S	M	L	XL	XXL			
1	1					1	200	200
2		1				1	300	300
3			2			2	250	500
4				1		1	300	300
5					1	1	300	300

表 9-5　方案二

床次	排料件数					每层件数	铺料层数	每床件数
	S	M	L	XL	XXL			
1	1		1			2	200	400
2		1	1			2	300	600
3				1	1	2	300	600

表 9-6　方案三

床次	排料件数					每层件数	铺料层数	每床件数
	S	M	L	XL	XXL			
1			2			2	200	400
2	1	1				2	200	400
3				1	1	2	200	400
4		1	1			2	100	200
5				1	1	2	100	200

方案一的优势在于铺料方便，操作和管理较容易，生产效率高，但由于每床都是单件（号型）排料，不利于充分利用面料，而且每床铺料层数较多，不适合较厚面料的裁剪，使用的裁床数较多。因此此方案适用于面料薄、价格低、生产任务紧的情况时采用。

方案二采用了套排的方式，有利于节约材料，减少了裁床数和工作人员，但由于每层的排料件数增多，对生产管理和操作人员的要求高，而且和方案一一样，也存在铺料层数偏多的问题。因此这种方案适用于面料薄、价格较高的生产任务裁剪使用，以节约面料为主要目的。

方案三既采用了套排的方式，又减少了铺料的层数，有利于节约面料，但对管理的要求高。这种方案适合于面料厚、价格高的生产任务的裁剪。

以上三种方案各有优缺点，操作时要根据生产任务的实际情况来选择最为合理的方案，以节约材料和提高生产效率为选择方案的依据。

实例 2 某服装公司的生产任务是生产各号型数量和颜色均不相同（不均码不均色）的一款男式上衣 3300 件，具体要求见表 9-7。

表9-7　某男式上衣订单　　　　　　　　　　　　　　　　　　　单位：件

颜色	规格					总计
	S	M	L	XL	XXL	
黑	100	200	500	200	100	1100
蓝	100	200	500	200	100	1100
绿	100	200	500	200	100	1100
总数	300	600	1500	600	300	3300

按照上述任务，可制订表 9-8～表 9-10 所示的三种方案。

表9-8　方案一

床次	排料件数					每层件数	铺料层数	每床件数
	S	M	L	XL	XXL			
1	1		1	1		3	100	300
2		1	1		1	3	100	300
3			2	1		3	100	300
4		1	1			2	100	200

表9-9　方案二

床次	排料件数					每层件数	铺料层数	每床件数
	S	M	L	XL	XXL			
1	1		2		1	4	100	400
2		1	2	1		4	100	400
3		1	1	1		3	100	300

表9-10　方案三

床次	排料件数					每层件数	铺料层数	每床件数
	S	M	L	XL	XXL			
1	1	1				3	黑、蓝各100层	600
2			1	1	1	3	黑、蓝各100层	600
3		1	2	1		4	黑、蓝各100层	800
4			1		2	黑、蓝各100层	200
5	1	1	1	1		4	绿色100层	400
6		1	2		1	4	绿色100层	400
7			2	1		3	绿色100层	300

方案一每种颜色各铺 4 床，方案二每种颜色各铺 3 床，方案二比方案一虽然减少了床数，但增加了排料件数，管理相对复杂，生产条件要求高。方案三采取了两种颜色混合铺料的方法，共铺 7 床便可完成，节约了裁剪时间，因此采取哪种方案，要根据企业的实际条件进行选择。

绘制图 9-10 中服装款式的结构图，然后完成样版制作和推版，并根据所学知识进行裁剪方案的制订和排料。该款女式上衣的衣身结构为四开身，戗驳领，驳头有分割，门襟一粒扣，后片刀背缝设计，大小袖。

图 9-10　女式上衣款式

一、号型规格

1. 号型规格设计

选取女子中间体 160/84A，确定中心号型的数值，然后按照各自不同的规格系列计算出相关部位的尺寸，通过推档而形成全部的规格系列。查服装号型表可知：160/84A 对应坐姿颈椎点高 62.5cm、胸围 84cm、颈围 33.4cm、肩宽 39.4cm、全臂长 50.5cm。

（1）衣长规格的设计

衣长＝坐姿颈椎点高 ±X，或者（2/5）号 ±X。

此款女上衣衣长＝（2/5）×160cm–8cm＝56cm。

（2）胸围规格的设计

胸围＝人体净胸围＋X。

此款女上衣 X ＝ 12cm，即胸围＝84cm＋12cm＝96cm。

（3）领围规格的设计

领围＝人体颈围 ±X。

此款女上衣领围＝33.4cm＋6.6cm＝40cm。

（4）肩宽规格的设计

肩宽＝人体净肩宽 ±X，或者（3/10）B＋（11～13）cm。

此款女上衣肩宽＝（3/10）×96cm＋11.2cm＝40cm。

（5）袖长规格的设计

袖长＝全臂长 ±X，或者（3/10）号＋（7～10）cm。

此款女上衣袖长＝50.5cm＋7.5cm＝58cm。

（6）袖口规格的设计

袖口＝腕围＋X，或者依经验取值。

此款女上衣袖口取经验值26cm。

2. 系列规格表（见表9-11）

表9-11 系列规格表　　　　　　　　　　　单位：cm

部位	150/76A XS	155/80A S	160/84A M	165/88A L	170/92A XL	档差
衣长L	52	54	56	58	60	2
胸围B	88	92	96	100	104	4
领围N	38	39	40	41	42	1
肩宽S	37.6	38.8	40	41.2	42.4	1.2
腰围W	72	76	80	84	88	4
袖长SL	55	56.5	58	59.5	61	1.5
袖口CW	24	25	26	27	28	1

二、母版设计

母版设计如图9-11所示。

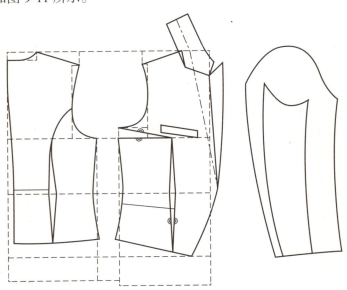

图9-11　女式上衣母版结构

三、放缝

放缝如图 9-12、图 9-13 所示。

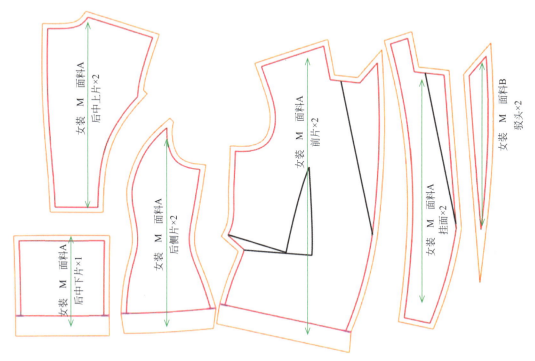

图 9-12　衣片放缝

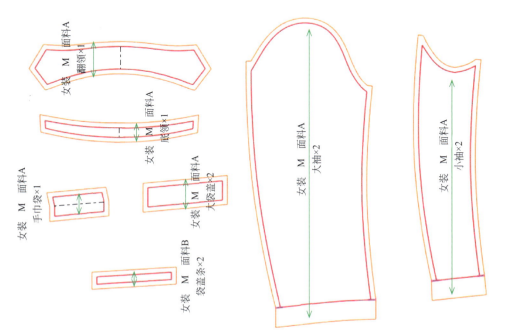

图 9-13　袖子、领子、零部件放缝

四、推版

推版如图 9-14、图 9-15 所示。

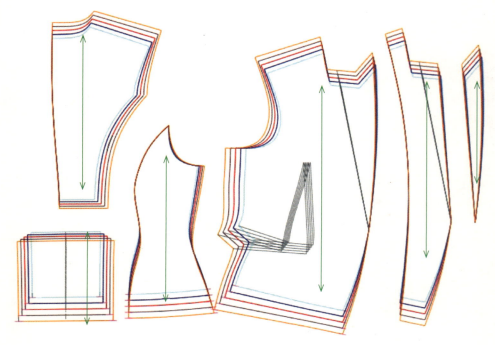

图 9-14　衣片推版

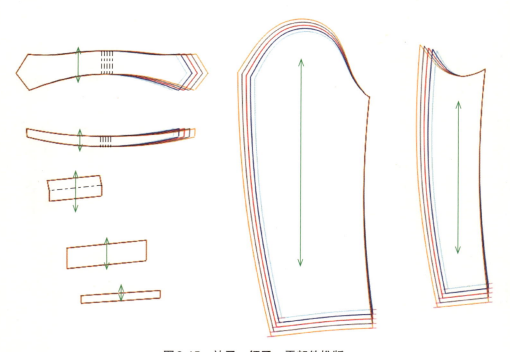

图 9-15　袖子、领子、零部件推版

五、排料

1. 排料方案的制订

根据企业实际生产条件限制,每床最多可排5件,铺料不超过100层,确定排料方案如表9-12所示。

表9-12 排料方案

床号	面料层数	号型规格及套排件数					
		XS	S	M	L	XL
1	100	1	1	1	1	1
2	100		1	3	1	

使用服装CAD按照图9-16、图9-17进行设置。

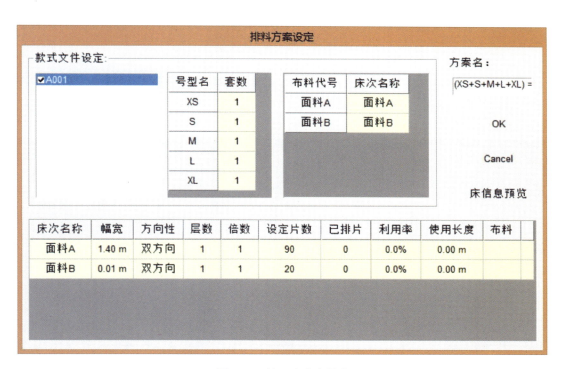

图9-16 第一床方案设定

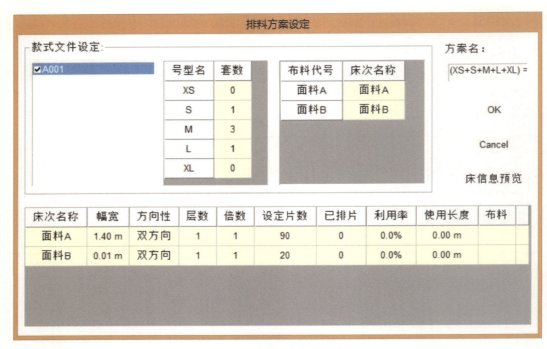

图9-17 第二床方案设定

2. 排料图的制订

排料图如图9-18、图9-19所示。

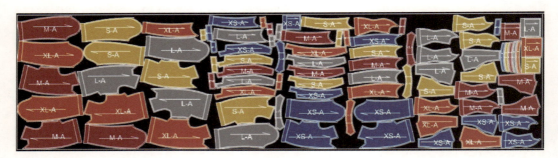

图9-18 第一床排料图

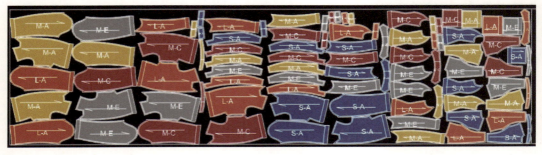

图9-19 第二床排料图

> **案例链接**
>
> **企之大者,为国为民**
>
> 迪尚集团经过多年积累沉淀和不断改革创新,从一家小型外贸公司成长为一家工贸一体、产研结合、市场多元的跨国型集团公司,也是全国最大的服装出口企业之一。
>
> 迪尚集团从OEM(来料来样加工)起步,不断拓展产业布局、增强自主设计能力,培育自主品牌。为100多个国家和地区的500多家品牌客户提供从设计、生产到贸易的全套供应链服务,实现了从OEM到ODM(自主设计制造)的跨越,成为国际服装行业的知名"服务器",并培育出十余个自主品牌,实现了"迪尚制、通世界"。
>
> 迪尚集团致力于以新技术改造传统服装产业、推动行业全面升级。集团先后建立了国家纺织面料馆迪尚面料中心、中国服装数字化设计创新中心、迪尚服装技术研发中心等平台,还入选了我国第一批纺织服装创意设计试点园区(平台)、国家第二批大众创业万众创新示范基地和国家级工业设计中心。2017年李克强总理到迪尚视察时,称赞迪尚是"在传统产业挖出了金矿""老树发新枝"。
>
> 企之大者,为国为民,2020年初,迪尚集团投产医用防护服,顺利完成国家防疫物资调拨任务,受到国务院的表彰。集团向社会捐助各类防疫物资达600余万元。2020年,迪尚集团董事长朱立华荣获"全国劳动模范"荣誉称号;2021年,迪尚集团有限公司党委被评为全国先进基层党组织。
>
> 未来,迪尚集团将进一步整合国内外服装设计、制造和供应链资源,打造创新设计与智能制造一体化服装产业垂直生态链,实现中国时尚走向全球的美好愿景。

思考

1. 您如何理解企业生存的价值?
2. 您如何理解团队协作在企业发展中的作用?

实训项目	综合运用						
实训目的	1.能够设计制作母版，并进行推版。 2.能够绘制排料图。 3.能够制订裁剪方案						
项目要求	选做		必做		是否分组		每组人数	
实训时间				实训学时		学分	
实训地点				实训形式			
实训内容	某服装公司计划生产一款适合青年女性穿着的上衣，款式图如图4-24所示，生产任务单如表9-13所示。请完成这款上衣的工业制版和裁剪方案的设计，并绘制1：5排料图。 结合本企业实际生产条件，建议铺料厚度为50层，每床最多摆放5件。  图9-24　女上衣款式图 表9-13　生产任务单　　　　　　　　　　　　　　　单位：件 | 规格	XS	S	M	L	XL	合计 | |---|---|---|---|---|---|---| | 数量 | 200 | 300 | 400 | 300 | 200 | 1400 |							

续表

实训材料	打版纸、拷贝纸
实训步骤及要求	评分标准及分值
1.效果图分析 要求：对效果图进行款式分析、面料分析、控制部位分析、工艺分析	对样衣的分析、定位准确、版型结构合理，比例正确，不符酌情扣2～15分。分值：15分
2.成品规格设计 要求：通过测量实物获取成品规格，并进行系列规格设计	各部位规格尺寸设计合理，一处不符合扣1分，扣完为止。分值：15分
3.母版设计 要求：根据实物特点，进行结构制图和结构设计。 结构设计与实物一致合理，母版数量齐全，样版线条流畅	样版（或裁片）数量齐全，缺一处扣1分，扣完为止。 各缝合部位对应关系合理，一处不符合扣1分，扣完为止。 各部位线条顺直、清晰、干净、规范，不符处酌情扣1分，扣完为止。 分值：15分
4.毛版设计 要求：样版分割合理，缝份准确。样版文字标记和定位标记准确	各部位放缝准确，一处不符合扣1分，扣完为止。 样版文字说明清楚，用料丝缕正确，一处不符合扣1分，扣完为止。 定位标记准确、无遗漏，一处不符合扣1分，扣完为止。 分值：15分
5.推版 要求：推版公共线选取合理，关键点准确，计算准确，绘制标准	推版计算合理，一处不符合扣1分，扣完为止。 分值：15分
6.编制裁剪方案 要求：完整、准确、具有适应性和可操作性	编制不完整扣5分，错误一处扣5分，扣完为止。 分值：25分
学生自评	
教师评价	
企业评价	

自我分析与总结1

存在的主要问题：	收获与总结：

今后改进、提高的情况：

任务九

综合应用

226

第三模块 服装工业排料

存在的主要问题：

收获与总结：

今后改进、提高的情况：

附录1
服装制版师国家职业技能标准

国家职业技能标准

职业编码：6-05-01-01

服装制版师

（2019年版）

中华人民共和国人力资源和社会保障部 制定

说 明

为规范从业者的从业行为，引导职业教育培训的方向，为职业技能鉴定提供依据，依据《中华人民共和国劳动法》，适应经济社会发展和科技进步的客观需要，立足培育工匠精神和精益求精的敬业风气，人力资源社会保障部组织有关专家，制定了《服装制版师国家职业技能标准（2019年版）》（以下简称《标准》）。

一、本《标准》以《中华人民共和国职业分类大典（2015年版）》为依据，严格按照《国家职业技能标准编制技术规程（2018年版）》有关要求，以"职业活动为导向、职业技能为核心"为指导思想，对服装制版师从业人员的职业活动内容进行规范细致描述，对各等级从业者的技能水平和理论知识水平进行了明确规定。

二、本《标准》依据有关规定将本职业分为四级/中级工、三级/高级工、二级/技师、一级/高级技师四个等级，包括职业概况、基本要求、工作要求和权重表四个方面的内容。

三、本《标准》主要起草单位有：纺织人才交流培训中心、中国针织工业协会、中国纺织机械协会、苏州大学、江苏金龙科技股份有限公司、福建睿能科技股份有限公司、圣东尼（上海）针织机器有限公司、东华大学、江南大学、浙江省中纺经编科技研究院、苏州经贸职业技术学院、杭州职业技术学院。主要起草人有：姜川、赵齐、孙玉钗、吴寅杰、岑凌、龙海如、董智佳、周跃武、姚钟秀、王海燕、曹桢。

四、本《标准》主要审定单位有：天津工业大学、中国服装协会、杭州职业技术学院、浙江纺织服装职业技术学院、五洋纺机有限公司、杭州布奇文化创意有限公司、广州市秀丽服装职业培训学院、广州市猜想服饰有限公司、北京威克多制衣中心、中国纺织服装教育学会、陕西国际商贸学院时装艺术学院。主要审定人员有：宋广礼、卢华山、孟海涛、孙宁宁、方建强、张福良、谢耀荣、蹇利彬、龚立超、刘华、曲梅、杜岩冰。

五、本《标准》在制定过程中，得到人力资源社会保障部职业技能鉴定中心葛恒双、宋晶梅等专家及纺织行业职业技能鉴定指导中心的指导，还得到中国服装协会和苏州经贸职业技术学院的大力支持，在此一并感谢。

六、本《标准》业经人力资源社会保障部批准，自公布之日起施行。

1. 职业概况

1.1 职业名称

服装制版师❶

1.2 职业编码

6-05-01-01

1.3 职业定义

使用测量、裁剪、人台等专用工具或计算机专用软件，制作服装版型或编写成型编织服装编织程序的人员。

1.4 职业技能等级

本职业共设四个等级，分别为：四级/中级工、三级/高级工、二级/技师、一级/高级技师。

1.5 职业环境条件

室内、常温。

1.6 职业能力特征

具有一定的判断、分析、模仿、学习和计算能力；具有较强的空间感和形体知觉；手指、手臂灵活，动作协调，无色盲、色弱。

1.7 普通受教育程度

初中毕业（或相当文化程度）。

1.8 职业技能鉴定要求

1.8.1 申报条件

具备以下条件之一者，可申报四级/中级工：
（1）取得相关职业❷五级/初级工职业资格证书（技能等级证书）后，累计从事本职业或相关职业工作4年（含）以上。
（2）累计从事本职业或相关职业工作6年（含）以上。
（3）取得技工学校本专业或相关专业❸毕业证书（含尚未取得毕业证书的在校应届毕业生）；或取得经评估论证、以中级技能为培养目标的中等及以上职业学校本专业或相关专业毕业证书（含尚未取得毕业证书的在校应届毕业生）。

具备以下条件之一者，可申报三级/高级工：
（1）取得本职业或相关职业四级/中级工职业资格证书（技能等级证书）后，累计从事本职业或相关职业工作5年（含）以上。
（2）取得本职业或相关职业四级/中级工职业资格证书（技能等级证书），并具有高级技工学校、技师学院毕业证书（含尚未取得毕业证书的在校应届毕业生）；或取得本职业或相关职业四级/中级工职业资格证书（技能等级证书），并具有经评估论证、以高级技能为培养目标的高等职业学校本专业或相关专业毕业证书（含尚未取得毕业证书的在校应届毕业生）。
（3）具有大专及以上本专业或相关专业毕业证书，并取得本职业或相关职业四级/中级工职业资格证书（技能等级证书）后，累计从事本职业或相关职业工作2年（含）以上。

具备以下条件之一者，可申报二级/技师：
（1）取得本职业或相关职业三级/高级工职业资格证书（技能等级证书）后，累计从事本职

---

❶ 本职业分为裁剪服装制版模块和成型服装制版模块。

❷ 相关职业：横机工、纬编工、经编工、裁缝、机修钳工。

❸ 本专业或相关专业：服装设计与制作、服装制作与营销、服装设计与工艺、服装设计与工程、服装制作与生产管理、针织工艺、机械设备维修，下同。

业或相关职业工作 4 年（含）以上。

（2）取得本职业或相关职业三级 / 高级工职业资格证书（技能等级证书）的高级技工学校、技师学院毕业生，累计从事本职业或相关职业工作 3 年（含）以上；或取得本职业或相关职业预备技师证书的技师学院毕业生，累计从事本职业或相关职业工作 2 年（含）以上。

具备以下条件者，可申报一级 / 高级技师：

取得本职业或相关职业二级 / 技师职业资格证书（技能等级证书）后，累计从事本职业或相关职业工作 4 年（含）以上。

1.8.2 鉴定方式

分为理论知识考试、技能考核以及综合评审。理论知识考试采用闭卷笔试等方式，主要考核从业人员从事本职业应掌握的基本要求和相关知识要求；技能考核主要采用现场操作、模拟操作等方式进行，主要考核从业人员从事本职业应具备的技能水平；综合评审主要针对二级 / 技师、一级 / 高级技师，通常采取审阅申报材料、答辩等方式进行全面评议和审查。

理论知识考试、技能考核和综合评审均实行百分制，成绩皆达 60 分（含）以上者为合格。

1.8.3 监考人员、考评人员与考生配比

理论知识考试中的监考人员与考生配比不低于 1∶15，且每个考场不少于 2 名监考人员；技能考核中的考评人员与考生配比不低于 1∶5，且考评人员为 3 人（含）以上单数；综合评审委员为 3 人（含）以上单数。

1.8.4 鉴定时间

理论知识考试时间为 90min；技能考核时间：四级 / 中级工不少于 120min，三级 / 高级工不少于 150min，二级 / 技师、一级 / 高级技师不少于 180min；综合评审时间不少于 30min。

1.8.5 鉴定场所设备

理论知识考试在标准教室进行；技能考核在具有计算机和相应软件、必要的测量工具、制图工具、裁剪工具和设备、缝制设备或针织织造设备及附件、制图设施、织物分析设备的场所进行。

2. 基本要求

2.1 职业道德

2.1.1 职业道德基本知识

2.1.2 职业守则

（1）遵纪守法，诚实守信。
（2）爱岗敬业，勇于创新。
（3）质量为本，效率为优。
（4）团结协作，文明生产。

2.2 基础知识

2.2.1 制版基础知识

（1）服装效果图、款式图的基础知识。
（2）服装制图和计算机操作的基础知识。
（3）针织基础知识。

2.2.2 成衣基础知识

（1）服装用原材料的基础知识。
（2）服装和人体尺寸的基础知识。
（3）服装工艺的基础知识。

（4）针织成型产品基础知识。

2.2.3 服装生产设备基础知识

（1）裁剪服装设备基础知识。
（2）成型服装设备基础知识。

2.2.4 相关法律、法规知识

（1）《中华人民共和国劳动法》相关知识。
（2）《中华人民共和国劳动合同法》相关知识。
（3）《中华人民共和国产品质量法》相关知识。
（4）《中华人民共和国安全生产法》相关知识。
（5）《中华人民共和国保密法》相关知识。
（6）《中华人民共和国著作权法》相关知识。

3. 工作要求❶

本标准对四级/中级工、三级/高级工、二级/技师、一级/高级技师的技能要求和相关知识要求依次递进，高级别涵盖低级别的要求。

3.1 四级/中级工

职业功能	工作内容	技能要求	相关知识要求
1. 产品款式分析 A	1.1 款式分析	1.1.1 能用文字描述裙子、裤子、T恤衫、衬衫等款式图的款式造型特点 1.1.2 能用文字描述裙子、裤子、T恤衫、衬衫等给定成品的款式造型特点	1.1.1 裙子、裤子、T恤衫、衬衫等款式图的基本知识 1.1.2 裙子、裤子、T恤衫、衬衫等造型的基本知识
	1.2 材料分析	1.2.1 能通过识读工艺文件或分析样衣，确定裙子、裤子、T恤衫、衬衫等所用面辅料的品类 1.2.2 能通过识读工艺文件，识别面辅料正反面和布纹方向，确认缩率 1.2.3 能用文字表达面辅料的材料特点和性能	1.2.1 裙子、裤子、T恤衫、衬衫等常用面辅料基本知识 1.2.2 纺织纤维的基本性能 1.2.3 服装工艺文件的基本知识
	1.3 结构分析	1.3.1 能通过识读工艺文件或测量样衣，确定裙子、裤子、T恤衫、衬衫等的结构特点 1.3.2 能通过识读工艺文件或测量样衣，确定裙子、裤子、T恤衫、衬衫等的规格尺寸 1.3.3 能制定裙子、裤子、T恤衫、衬衫等的细节部位规格尺寸	1.3.1 裙子、裤子、T恤衫、衬衫等服装结构与规格尺寸的基本知识 1.3.2 裙子、裤子、T恤衫、衬衫等服装尺寸测量的基本知识
	1.4 工艺分析	1.4.1 能用文字描述裙子、裤子、T恤衫、衬衫等的缝型、线迹并简要说明工艺要点 1.4.2 能用文字表达裙子、裤子、T恤衫、衬衫缝制加工的特殊工艺	1.4.1 裙子、裤子、T恤衫、衬衫等缝制加工工艺的基本知识 1.4.2 裙子、裤子、T恤衫、衬衫等缝制加工的特殊工艺

---

❶ 工作要求分模块考核，裁剪服装制版模块考核A类工作内容，成型服装制版模块考核B类工作内容。

续表

职业功能	工作内容		技能要求	相关知识要求
1. 产品款式分析	B	1.1 面料分析	1.1.1 能辨识纬平针、双反面、罗纹、浮线、集圈等纬编组织 1.1.2 能辨识3×3 以内绞花及阿兰花等纬编移圈组织 1.1.3 能辨识纬编提花组织 1.1.4 能辨识纬编嵌花组织 1.1.5 能辨识底梳编链、贾卡同向薄组织、网孔组织等经编组织 1.1.6 能辨识毛、棉、锦纶、涤纶、包覆纱、合股纱等原料和类别的纱线	1.1.1 纬平针、双反面、罗纹、浮线、集圈等纬编组织的结构特点和表示方式 1.1.2 绞花及阿兰花等纬编移圈组织的结构特点和表示方式 1.1.3 纬编提花组织的结构特点和表示方式 1.1.4 纬编嵌花组织的结构特点和表示方式 1.1.5 底梳编链、贾卡同向薄组织、网孔组织等经编组织的结构特点和表示方式 1.1.6 针织常用纱线种类的判定方法
		1.2 成型产品分析	1.2.1 能辨识圆领、V 领等背肩、平肩成型服装的版型并用文字表达其特点 1.2.2 能辨识无缝背心及短裤等成型服装的版型并用文字表达其特点 1.2.3 能分析并用文字表达纬平针等单面组织的收放针方式 1.2.4 能确认生产所需的机器类别	1.2.1 圆领、V 领等背肩、平肩成型服装款式的基本知识 1.2.2 无缝背心及短裤等成型服装款式的基本知识 1.2.3 横机收放针方式的基本知识 1.2.4 成型服装设备常用类别的基本知识
2. 样版绘制和程序编制	A	2.1 结构图绘制	2.1.1 能识别和标注裙子、裤子、T 恤衫、衬衫等样版的制图部位、线条名称、制图符号等 2.1.2 能通过识读款式图和规格尺寸参数，使用专用工具绘制裙子、裤子、T 恤衫、衬衫等的结构图	2.1.1 裙子、裤子、T 恤衫、衬衫结构图的基本知识 2.1.2 服装制图专业术语的基本知识
		2.2 基础样版制作	2.2.1 能使用专用工具，在结构制图基础上确定放缝，绘制裙子、裤子、T 恤衫、衬衫等的裁剪样版、工艺样版等基础样版 2.2.2 能使用专用工具，制作裙子、裤子、T 恤衫、衬衫等的基础样版，并标注文字、符号、标记等	2.2.1 裙子、裤子、T 恤衫、衬衫等的样版制作基本知识 2.2.2 样版放缝的基本知识
		2.3 样版核验	2.3.1 能核验裙子、裤子、T 恤衫、衬衫等的基础样版，识别线条轮廓中的错误并修正 2.3.2 能核验裙子、裤子、T 恤衫、衬衫基础样版的数量、规格尺寸，识别错误并修正 2.3.3 能通过制作裙子、裤子、T 恤衫、衬衫等的假缝坯样验证基础样版并修正	2.3.1 裙子、裤子、T 恤衫、衬衫样版核验的基本知识 2.3.2 裙子、裤子、T 恤衫、衬衫假缝工艺的基本知识

续表

职业功能	工作内容	技能要求	相关知识要求
2. 样版绘制和程序编制	2.1 花型程序绘制 B	2.1.1 能使用专用软件制作纬平针、双反面、罗纹、浮线、集圈等纬编组织的样片程序 2.1.2 能使用专用软件制作3×3以内绞花及阿兰花等纬编移圈组织的样片程序 2.1.3 能使用专用软件制作纬编提花组织的样片程序 2.1.4 能使用专用软件制作4把纱嘴内的纬编嵌花组织的样片程序 2.1.5 能使用专用软件制作经编贾卡同向薄组织、网孔组织的样片程序	2.1.1 专用软件绘制纬平针、双反面、罗纹、浮线、集圈等纬编组织的方法 2.1.2 专用软件绘制3×3以内绞花及阿兰花等纬编移圈组织的方法 2.1.3 专用软件绘制纬编提花组织的方法 2.1.4 专用软件绘制4把纱嘴内的纬编嵌花组织的方法 2.1.5 专用软件绘制经编贾卡同向薄组织、网孔组织的方法
	2.2 成型制版	2.2.1 能根据工艺单使用专用软件制作带有纬平针、罗纹、移圈等花型的圆领、V领等背肩、平肩的成型服装制版程序 2.2.2 能根据工艺单使用专用软件制作无缝背心及短裤等成型服装的制版程序 2.2.3 能使用专用软件制作经编同向贾卡缝合、分离的成型服装制版程序	2.2.1 成型服装工艺单的基本知识 2.2.2 成型服装制作的基本知识
3. 系列样版制作	3.1 档差设置 A	3.1.1 能根据国家服装号型标准设置裙子、裤子、T恤衫、衬衫等系列样版的档差 3.1.2 能根据给定工艺文件要求设置裙子、裤子、T恤衫、衬衫等系列样版的档差	3.1.1 服装号型系列的基本知识 3.1.2 裙子、裤子、T恤衫、衬衫等系列样版档差计算的基本知识
	3.2 放码推版	3.2.1 能按档差要求,对裙子、裤子、T恤衫、衬衫等基础样版进行放缩,制作出系列样版 3.2.2 能在裙子、裤子、T恤衫、衬衫等系列样版上标注文字、符号、标记	3.2.1 裙子、裤子、T恤衫、衬衫等系列样版的组成 3.2.2 裙子、裤子、T恤衫、衬衫等的放码推版基本知识
	3.1 试样制作 B	3.1.1 能对织针、张力装置等机件和设备状态进行检查 3.1.2 能输入和设置速度、牵拉力、密度、送纱张力等上机工艺参数 3.1.3 能根据标识及纱线样品确认纱线线密度、批号、捻向等,并能进行穿纱等机台操作 3.1.4 能使用针织成型设备织出样片	3.1.1 针织成型设备结构及操作的基本知识 3.1.2 针织用纱线线密度等指标的基本知识
	3.2 质量控制	3.2.1 能根据工艺单核验成型服装制版程序 3.2.2 能用密度镜、直尺测量织物密度及下机尺寸 3.2.3 能根据坏针、漏针、断纱、破洞等机件损坏和织物疵点情况调整制版的程序与编织工艺参数	3.2.1 织物密度及下机尺寸等测量的基本知识 3.2.2 织物断纱、破洞等常见疵点的基本知识

3.2 三级/高级工

职业功能	工作内容	技能要求	相关知识要求
1. 产品款式分析	A	1.1 款式分析	1.1.1 能根据给定的设计效果图、款式图、工艺文件等用文字描述旗袍、茄克衫等的款式造型特点 1.1.2 能根据给定的样衣、实物图片，用文字描述旗袍、茄克衫等的款式造型特点	1.1.1 旗袍、茄克衫等的设计效果图、款式图基本知识 1.1.2 旗袍、茄克衫等的造型基本知识
		1.2 材料分析	1.2.1 能通过简单实验或根据技术文件确认面辅料缩率、正反面、布纹方向等 1.2.2 能根据旗袍、茄克衫等的常用面辅料样品，用文字表达材料质地、性能特点	1.2.1 服装面辅料基本知识 1.2.2 纺织纤维与纱线的基本知识
		1.3 结构分析	1.3.1 能根据给定的效果图、款式图、样衣、实物图片，确定旗袍、茄克衫等的结构特点 1.3.2 能根据给定的旗袍、茄克衫等的效果图、款式图、样衣、实物图片和服装号型，确定成品规格尺寸 1.3.3 能根据给定的旗袍、茄克衫等的效果图、款式图、样衣、实物图片和服装号型，确定细节部位规格尺寸	1.3.1 旗袍、茄克衫等服装规格尺寸的基本知识 1.3.2 旗袍、茄克衫等服装尺寸测量的基本知识
		1.4 工艺分析	1.4.1 能根据给定的旗袍、茄克衫等的效果图、款式图、样衣、实物图片，用文字表达缝型、线迹、零部件等工艺概要并编制工艺流程图 1.4.2 能根据给定的旗袍、茄克衫等的效果图、款式图、样衣、实物图片，用文字表达特殊工艺	1.4.1 旗袍、茄克衫等服装缝制加工工艺基本知识 1.4.2 工艺流程图编制的基本知识
	B	1.1 面料分析	1.1.1 能辨识毛圈、添纱、凸条等纬编组织 1.1.2 能辨识4×4及以上纬编绞花组织 1.1.3 能辨识纬编并针组织，分析并针规律 1.1.4 能辨识贾卡同向单底梳、双底梳经编组织 1.1.5 能辨识贾卡同向厚组织、厚缝合组织等经编组织	1.1.1 毛圈、添纱、凸条等纬编组织的结构特点和表示方式 1.1.2 并针组织的结构特点和表示方式 1.1.3 贾卡同向单底梳、双底梳等经编组织的结构特点和表示方式 1.1.4 贾卡同向厚组织、厚缝合组织等经编组织的结构特点和表示方式
		1.2 成型产品分析	1.2.1 能辨识T恤领、樽领等背肩、平肩、插肩成型服装的版型并用文字表达其特点 1.2.2 能辨识无缝多色块、多原料、多组织、全毛圈等成型服装的版型并用文字表达其特点 1.2.3 能分析并用文字表达出四平、畦编、提花等产品的收放针方式 1.2.4 能分析出成型服装的缝合工艺	1.2.1 T恤领、樽领等背肩、平肩、插肩成型服装款式的基本知识 1.2.2 无缝多色块、多原料、多组织、全毛圈等成型服装款式的基本知识 1.2.3 缝合工艺的基本知识

续表

职业功能	工作内容	技能要求	相关知识要求
A	2.1 结构图绘制	2.1.1 能根据服装设计要求确定长度测量位置和围度加放量 2.1.2 能根据给定的旗袍、茄克衫效果图、款式图、样衣、实物图片和服装号型，使用专用工具绘制结构图	2.1.1 旗袍、茄克衫围度加放量知识 2.1.2 旗袍、茄克衫结构图基本知识
A	2.2 基础样版制作	2.2.1 能使用专用工具，在结构制图基础上确定放缝，绘制旗袍、茄克衫的裁剪样版、工艺样版等基础样版 2.2.2 能使用专用工具，制作旗袍、茄克衫等的基础样版，并标注文字、符号、标记等	旗袍、茄克衫等的基础样版制作知识
A	2.3 样版核验	2.3.1 能根据给定的旗袍、茄克衫款式图和服装号型核验基础样版，识别错误并修正 2.3.2 能通过制作旗袍、茄克衫假缝坯样核验基础样版，识别错误并修正	2.3.1 旗袍、茄克衫样版核验的基本知识 2.3.2 旗袍、茄克衫假缝工艺的基本知识
2. 样版绘制和程序编制 B	2.1 花型程序绘制	2.1.1 能用专用软件制作毛圈、添纱、凸条等纬编组织的样片程序 2.1.2 能用专用软件制作4×4以内绞花等纬编组织的样片程序 2.1.3 能用专用软件制作8把纱嘴内的纬编嵌花组织的样片程序 2.1.4 能用专用软件制作纬编并针的样片程序 2.1.5 能用专用软件制作经编单底梳组织、双底梳组织的样片程序 2.1.6 能用专用软件制作经编贾卡同向厚组织、厚缝合组织的样片程序	2.1.1 专用软件绘制毛圈、添纱、凸条等纬编组织的方法 2.1.2 专用软件绘制4×4以内绞花等纬编组织的方法 2.1.3 专用软件绘制8把纱嘴内的纬编嵌花组织的方法 2.1.4 专用软件绘制纬编并针组织的方法 2.1.5 专用软件绘制经编单底梳组织、双底梳组织的方法 2.1.6 专用软件绘制经编贾卡同向厚组织、厚缝合组织的方法
2. 样版绘制和程序编制 B	2.2 成型制版	2.2.1 能制作纬平针组织的圆领、V领等背肩、平肩成型服装工艺单 2.2.2 能根据工艺单使用专用软件制作T恤领、樽领等背肩、平肩、插肩的成型服装制版程序 2.2.3 能根据工艺单使用专用软件制作多色块、多原料、多组织、全毛圈等成型服装的制版程序 2.2.4 能根据工艺单使用专用软件制作单扎口、双扎口等组织的成型服装制版程序 2.2.5 能制作经编贾卡同向有底成型服装的制版程序 2.2.6 能使用专用软件对花型组织的程序进行优化处理	2.2.1 成型服装工艺制作的基本知识 2.2.2 专用软件制作多色块、多原料、多组织、全毛圈等成型服装程序的方法 2.2.3 专用软件对花型组织优化的方法 2.2.4 专用软件制作经编贾卡同向有底组织成型服装制版程序的方法

续表

职业功能	工作内容		技能要求	相关知识要求
3. 系列样版制作	A	3.1 档差设置	3.1.1 能根据国家服装号型标准设置旗袍、茄克衫等系列样版的档差 3.1.2 能根据外贸工艺文件等非国标要求设置旗袍、茄克衫等系列样版的档差	旗袍、茄克衫等系列样版档差计算的基本知识
		3.2 放码推版	3.2.1 能按档差要求，对旗袍、茄克衫等的基础样版进行放缩，制作出系列样版 3.2.2 能在旗袍、茄克衫等系列样版上标注文字、符号、标记	3.2.1 旗袍、茄克衫等的系列样版的组成 3.2.2 旗袍、茄克衫等的放码推版的基本知识
		3.3 排料划样	3.3.1 能按产品号型系列组合进行手工排料和划样 3.3.2 能使用服装CAD专用软件，按产品号型系列组合进行排料和输出	3.3.1 服装排料的知识 3.3.2 服装CAD专用软件应用知识
	B	3.1 试样制作	3.1.1 能优化织机速度、牵拉力、密度等编织参数 3.1.2 能调整沉降片设置、机器回转距、电子送纱器等编织工作参数 3.1.3 能根据试样编织情况优化制版程序	针织成型设备的编织系统、送纱系统、牵拉系统工作原理
		3.2 质量控制	3.2.1 能根据参考样核验纬平针圆领、V领等背肩、平肩成型服装工艺单，发现错误进行修正 3.2.2 能根据参考样核验制版程序，发现错误进行修正 3.2.3 能分析撞针、翻纱等机件损坏和织物疵点原因，调整制版的程序与编织工艺参数 3.2.4 能根据成品尺寸调整下机尺寸	3.2.1 织物撞针、翻纱等疵点形成原因的基本知识 3.2.2 衣坯成品尺寸与下机尺寸的关系与控制方法

3.3 二级/技师

职业功能	工作内容	技能要求	相关知识要求
1. 产品款式分析	A		
	1.1 款式分析	1.1.1 能根据给定的男西服、女西服成衣图片或客户要求，用文字描述其款式造型特点 1.1.2 能根据给定的男西服、女西服成衣图片或客户要求，绘制款式图	1.1.1 男西服、女西服的款式图知识 1.1.2 男西服、女西服造型知识
	1.2 材料分析	1.2.1 能根据提供的面料样品、辅料样品，用文字表达男西服、女西服的材料特点 1.2.2 能根据男西服、女西服的工艺特点核算材料用量，并估算原料成本	1.2.1 男西服、女西服常用面辅料知识 1.2.2 男西服、女西服用料与成本核算知识
	1.3 结构分析	1.3.1 能根据成衣图片或客户要求，确定男西服、女西服的结构特点 1.3.2 能根据成衣图片或客户要求，设计男西服、女西服成品规格尺寸 1.3.3 能根据给定的男西服、女西服的成衣图片或客户要求，制定细部规格尺寸	1.3.1 男西服、女西服服装规格尺寸知识 1.3.2 男西服、女西服服装尺寸测量知识
	1.4 工艺分析	1.4.1 能根据给定的男西服、女西服成衣图片或客户要求，用文字表达缝型、线迹、零部件等工艺概要 1.4.2 能根据给定的男西服、女西服成衣图片或客户要求，用文字表达特殊工艺	1.4.1 男西服、女西服服装缝制工艺知识 1.4.2 男西服、女西服服装特殊工艺知识
	B		
	1.1 面料分析	1.1.1 能辨识各种纬编复合组织 1.1.2 能辨识局部编织等纬编组织 1.1.3 能辨识变针距纬编组织 1.1.4 能辨识有底和无底经编组织 1.1.5 能辨识贾卡同向无底厚补针组织和网孔补针经编组织	1.1.1 各种纬编复合组织的结构特点和表示方式 1.1.2 局部编织等纬编组织的结构特点和表示方式 1.1.3 变针距纬编组织的结构特点和表示方式 1.1.4 有底和无底经编组织的结构特点和表示方式
	1.2 成型产品分析	1.2.1 能确定不规则、双层组织结构款式的版型并用文字表达其特点 1.2.2 能判断产品设计稿的生产可行性 1.2.3 能估算出产品毛坯的成本	1.2.1 不规则、双层组织结构成型服装款式的种类、特点及表达方式等 1.2.2 成型服装毛坯生产成本核算的基本知识

续表

职业功能	工作内容	技能要求	相关知识要求
A	2.1 结构图绘制	2.1.1 能根据男西服、女西服设计要求确定长度测量位置和围度加放量 2.1.2 能根据给定的男西服、女西服成衣图片或客户要求，使用专用工具绘制结构图	2.1.1 男西服、女西服围度加放量知识 2.1.2 男西服、女西服结构图知识
	2.2 基础样版制作	2.2.1 能使用专用工具，在结构制图基础上确定放缝，绘制男西服、女西服的裁剪样版、工艺样版等基础样版 2.2.2 能使用专用工具，制作男西服、女西服的基础样版，并标注文字、符号、标记等	男西服、女西服的基础样版绘制知识
	2.3 样版核验	2.3.1 能根据给定的男西服、女西服成衣图片或客户要求核验基础样版，识别错误并修正 2.3.2 能通过制作男西服、女西服假缝坯样核验基础样版，识别错误并修正	2.3.1 男西服、女西服样版核验的知识 2.3.2 男西服、女西服假缝工艺的知识
2. 样版绘制和程序编制 B	2.1 花型程序绘制	2.1.1 能用专用软件制作6×6及以上绞花纬编组织的样片程序 2.1.2 能用专用软件制作14把纱嘴及以上的纬编嵌花类花型组织的样片程序 2.1.3 能用专用软件制作纬编局编组织的样片程序 2.1.4 能用专用软件制作纬编变针距组织的样片程序 2.1.5 能用专用软件制作纬编多扎口花型的组织程序 2.1.6 能用专用软件制作纬编扎口编织双层织物程序 2.1.7 能用专用软件制作经编贾卡同向有底、无底组织的样片程序 2.1.8 能用专用软件制作经编贾卡无底厚补针组织、网孔补针组织的样片程序	2.1.1 专用软件绘制6×6及以上绞花纬编组织的方法 2.1.2 专用软件绘制14把纱嘴及以上的纬编嵌花组织的方法 2.1.3 专用软件绘制纬编变针距组织的方法 2.1.4 专用软件绘制纬编多扎口花型组织的方法 2.1.5 专用软件绘制纬编扎口编织双层织物的方法 2.1.6 专用软件绘制经编有底和无底组织的方法
	2.2 成型制版	2.2.1 能制作T恤领、樽领等背肩、平肩、插肩的成型服装工艺单 2.2.2 能根据工艺单使用专用软件制作不规则、双层款成型服装的制版程序 2.2.3 能根据工艺单使用专用软件制作变针距成型服装的制版程序 2.2.4 能根据工艺单使用专用软件制作多扎口成型服装的制版程序 2.2.5 能使用专用软件制作经编贾卡有底、无底组织成型服装的制版程序 2.2.6 能根据产品档差进行放码，使用专用软件制作各码的制版程序	2.2.1 专用软件制作不规则、双层款式成型服装制版程序的方法 2.2.2 专用软件制作不规则、双层款式成型服装（包含各种花型）的收加针方法 2.2.3 专用软件制作变针距成型服装制版程序的方法 2.2.4 专用软件制作贾卡同向有底、无底组织成型服装制版程序的方法 2.2.5 成型服装成品号型系列的基本知识 2.2.6 成型服装产品推档的基础知识

续表

职业功能	工作内容	技能要求	相关知识要求
3. 系列样版制作	3.1 放码推版 (A)	3.1.1 能按档差要求，对男西服、女西服的基础板进行放缩，制作出系列样版 3.1.2 能在男西服、女西服系列样版上标注文字、符号、标记 3.1.3 能根据给定的男西服、女西服成衣图片或客户要求及档差，核验系列样版	3.1.1 男西服、女西服的系列样版组成 3.1.2 男西服、女西服的放码推版知识
	3.2 排料划样 (A)	3.2.1 能按既定的面料正反面、布纹方向、对条对格要求等进行排料划样 3.2.2 能对排料划样方案进行调整，提高面料利用率	3.2.1 特殊面料排料知识 3.2.2 提高面料利用率方法的相关知识
	3.1 试样制作 (B)	3.1.1 能根据所编织原料和织物组织确定机器参数 3.1.2 能根据机器特征优化制版程序 3.1.3 能辨识出常规纱线的线密度 3.1.4 能根据纱线的编织性能进行制版参数的调整	纱线及其编织性能基本知识
	3.2 质量控制 (B)	3.2.1 能根据款式图、技术要求等核验T恤领、樽领等背肩、平肩、插肩的成型服装工艺单，发现错误并进行修正 3.2.2 能根据款式图、技术要求等核验制版程序 3.2.3 能根据下机产品质量对制版程序进行综合评定	制版程序与成型服装质量关系的基本知识
4. 技术管理与培训	4.1 技术管理 (A)	4.1.1 能对样版资料进行归类、建档和管理 4.1.2 能指导服装制版人员的制版工作	技术档案管理知识
	4.2 指导培训 (A)	4.2.1 能制作培训课件 4.2.2 能组织开展培训	4.2.1 培训教材编写的相关知识 4.2.2 授课的基本方法
	4.1 技术管理 (B)	4.1.1 能制定产品设计方案 4.1.2 能对技术档案进行分类管理	4.1.1 产品设计方案制定的基本知识 4.1.2 技术档案分类管理的基本知识
	4.2 指导培训 (B)	4.2.1 能对四级/中级工、三级/高级工进行业务培训和现场指导 4.2.2 能编制1～2个培训模块教程	4.2.1 培训教材编写的基本知识 4.2.2 授课的基本方法

3.4 一级/高级技师

职业功能	工作内容	技能要求	相关知识要求
1.产品款式分析	A	1.1 款式分析	1.1.1 能根据给定的男礼服、女礼服效果图和设计要求，用文字表达风格及款式造型特点 1.1.2 能根据给定的男礼服、女礼服效果图和设计要求，绘制款式图	1.1.1 男礼服、女礼服的款式图知识 1.1.2 男礼服、女礼服的造型知识
		1.2 材料分析	1.2.1 能根据提供的男礼服、女礼服的面辅料样品，用文字表达材料特点 1.2.2 能根据给定的男礼服、女礼服的效果图及设置的成品尺寸和工艺特点，核算材料用量 1.2.3 能根据效果图和设计要求选择面料、辅料，并提供配伍方案	1.2.1 服装面料、辅料配伍和应用知识 1.2.2 男礼服、女礼服用料与成本核算知识
		1.3 结构分析	1.3.1 能够根据给定的效果图，确定男礼服、女礼服的结构特点 1.3.2 能根据男礼服、女礼服的效果图风格特点和设计要求，设计成品规格尺寸 1.3.3 能根据男礼服、女礼服的效果图风格特点和设计要求，制定细部规格尺寸 1.3.4 能根据给定的效果图，指导男礼服、女礼服的服装结构设计	1.3.1 男礼服、女礼服服装规格尺寸知识 1.3.2 男礼服、女礼服服装尺寸测量知识
		1.4 工艺分析	1.4.1 能根据给定的男礼服、女礼服的效果图和设计要求，用文字表达缝型、线迹、零部件等工艺概要 1.4.2 能根据给定的男礼服、女礼服的效果图和设计要求，用文字表达特殊工艺 1.4.3 能根据给定的效果图，指导男礼服、女礼服的服装工艺设计	1.4.1 男礼服、女礼服服装缝制工艺知识 1.4.2 男礼服、女礼服服装特殊工艺知识
	B	1.1 面料分析	1.1.1 能辨识和区分出外观特征相似的纬编和经编织物 1.1.2 能辨识贾卡无底反向薄组织与网孔经编组织 1.1.3 能根据设计师的成品效果图或图片分析确认所采用的组织结构	1.1.1 经编面料与纬编面料的结构特点与鉴别方法 1.1.2 花型图案设计的基本知识
		1.2 成型产品分析	1.2.1 能根据设计师的服装效果图进行工艺分析，并用文字表达其特点，绘制平面款式图 1.2.2 能分析全成型服装结构与工艺 1.2.3 能对产品设计生产提出改进意见	1.2.1 成型服装设计的基本知识 1.2.2 成型服装款式制图的基本知识 1.2.3 全成型服装的结构特点和工艺

续表

职业功能	工作内容		技能要求	相关知识要求
2.样版绘制和程序编制	A	2.1 结构图绘制	能根据给定的男礼服、女礼服等的效果图和客户要求，使用专用工具绘制结构图或立裁制作结构图	2.1.1 男礼服、女礼服围度加放量知识 2.1.2 男礼服、女礼服结构图知识 2.1.3 立体裁剪知识
		2.2 基础样版制作	2.2.1 能使用专用工具，在结构制图基础上确定放缝，绘制男礼服、女礼服等的裁剪样版、工艺样版等基础样版 2.2.2 能使用专用工具，制作男礼服、女礼服等的基础样版，并标注文字、符号、标记等	男礼服、女礼服等的基础样版绘制知识
		2.3 样版核验	2.3.1 能根据给定的男礼服、女礼服等的效果图和客户要求核验基础样版，识别错误并修正 2.3.2 能通过制作男礼服、女礼服等的假缝坯样核验基础样版，识别错误并修正	2.3.1 男礼服、女礼服等的样版核验知识 2.3.2 男礼服、女礼服假缝工艺的知识
	B	2.1 花型程序绘制	2.1.1 能根据设计师的服装效果图制作出花型的样片程序 2.1.2 能用专用软件绘制纬编复合组织的样片程序 2.1.3 能用专用软件制作变化密度的花型图 2.1.4 能用专用软件制作经编贾卡无底反向组织的样片程序	2.1.1 专用软件绘制纬编复合组织的方法 2.1.2 专用软件绘制变化密度花型组织的方法 2.1.3 专用软件绘制贾卡无底反向组织的方法
		2.2 成型制版	2.2.1 能根据设计师效果图编制服装工艺单和制版程序 2.2.2 能用专用软件制作变化密度成型服装的制版程序 2.2.3 能用专用软件制作经编贾卡无底反向组织成型服装的制版程序	2.2.1 成型服装工艺设计的基本知识 2.2.2 专用软件绘制变化密度成型服装的方法
3.系列样版制作	A	3.1 放码推版	3.1.1 能按档差要求，对男礼服、女礼服等的基础样版进行放缩，制作出系列样版 3.1.2 能在男礼服、女礼服等系列样版上标注文字、符号、标记 3.1.3 能根据给定的男礼服、女礼服等的效果图和设计要求及档差，核验系列样版	3.1.1 男礼服、女礼服等的系列样版组成 3.1.2 男礼服、女礼服等的放码推版知识
		3.2 排料划样	3.2.1 能指导排料方案设计 3.2.2 能指导铺料、裁剪工作	3.2.1 服装排料方案设计的知识 3.2.2 铺料、裁剪方案设计的知识

续表

职业功能	工作内容		技能要求	相关知识要求
3. 系列样版制作	B	3.1 试样制作	3.1.1 能根据产品的结构和性能要求选择编织原料 3.1.2 能根据产品的特性选择机器编织参数	新材料、新工艺的相关知识
		3.2 质量控制	3.2.1 能根据设计师效果图核验工艺单和制版程序 3.2.2 能对质量问题制定制版改进方案 3.2.3 能判断和区分原料、织造、染整、定型各生产环节产生的疵点，并提出解决方案	3.2.1 质量改进实施方案的基本知识 3.2.2 成型服装生产工艺流程及各生产环节对产品质量影响的基本知识
4. 技术管理与培训	A	4.1 技术管理	4.1.1 能审核下级服装制版人员的制版质量，解决服装制版过程中存在的疑难技术问题 4.1.2 能提出服装结构设计优化方案 4.1.3 能提出生产工艺改进意见	4.1.1 服装制版与服装工艺知识 4.1.2 服装技术管理与生产管理知识
		4.2 指导培训	4.2.1 能对二级/技师及以下级别人员进行业务培训和现场指导 4.2.2 能编写培训计划和教学大纲	4.2.1 培训计划编写的相关知识 4.2.2 教学大纲编写的相关知识
	B	4.1 技术管理	4.1.1 能优化产品设计方案 4.1.2 能对产品量产提出指导意见	生产管理的基本知识
		4.2 指导培训	4.2.1 能对二级/技师及以下级别人员进行业务培训和现场指导 4.2.2 能编写培训计划和教学大纲	培训计划、教学大纲编写的基本知识

4. 权重表

4.1 理论知识权重表

项目	技能等级	四级/中级工（%）	三级/高级工（%）	二级/技师（%）	一级/高级技师（%）
基本要求	职业道德	5	5	5	5
	基础知识	25	20	5	5
相关知识要求	产品款式分析	25	30	30	20
	样版绘制和程序编制	30	30	25	20
	系列样版制作	15	15	20	25
	技术管理与培训	—	—	15	25
	合计	100	100	100	100

4.2 技能要求权重表

项目	技能等级	四级/中级工（%）	三级/高级工（%）	二级/技师（%）	一级/高级技师（%）
技能要求	产品款式分析	40	40	25	15
	样版绘制和程序编制	40	45	40	35
	系列样版制作	20	15	15	15
	技术管理与培训	—	—	20	35
	合计	100	100	100	100

附录2
生产工艺单格式

生产工艺单

款号：SF001

名称：戗驳领上衣　　**完成日期**：

款式说明：戗驳领一粒扣，四开身结构，两侧有袋盖的挖袋，分割，两片袖

规格表

单位：cm

部位	SS	S	M	L	LL
衣长 L	50	53	56	59	62
胸围 B	88	92	96	100	104
领围 N	38	39	40	41	42
肩宽 S	37.6	38.8	40	41.2	42.4
腰围 W	72	76	80	84	88
袖长 SL	55	56.5	58	59.5	61
袖口 CW	24	25	26	27	28

工艺说明：

1. 针距要求：3cm14～15针。
2. 领子：西装领，领面分体翻领，领底正斜纱向衣片。翻领后中宽4cm，领座中心宽3cm，驳头宽7cm，驳角4.2cm。
3. 袖子：圆装袖，合体两片结构。
4. 前衣片：前片收腰省，口袋省，真口袋，双开线。
5. 后衣片：背中心分割至腰，刀背缝分割至底摆。
6. 缝型：侧缝、肩缝、缝线宽窄一致，前后分割缝均为分开缝。
7. 缝线：要求平整，缉线宽窄一致，各类用缝正确，无断线、跳针、脱线等脱漏毛问题，袖型圆顺，吃势均匀。
8. 粘衬：粘衬平整，无起皱、起泡现象。

面料：

辅料：

245

附录 2

生产工艺单格式

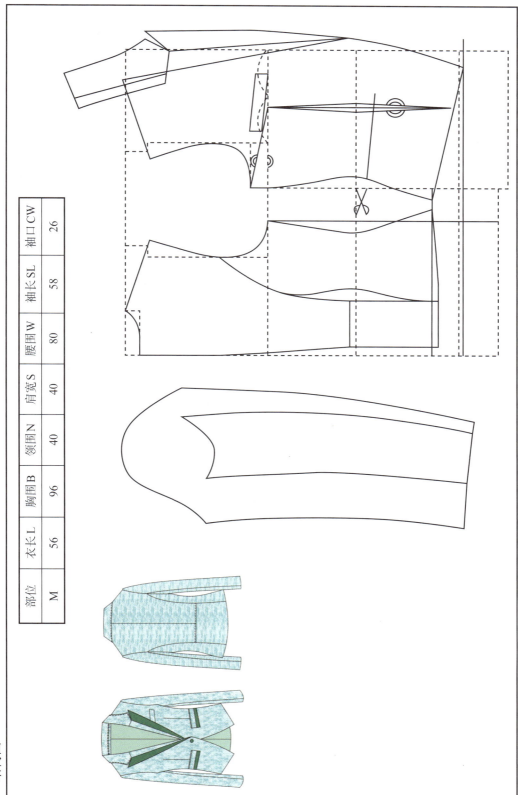

部位	衣长 L	胸围 B	领围 N	肩宽 S	腰围 W	袖长 SL	袖口 CW
M	56	96	40	40	80	58	26

结构图

246

附录2 生产工艺单格式

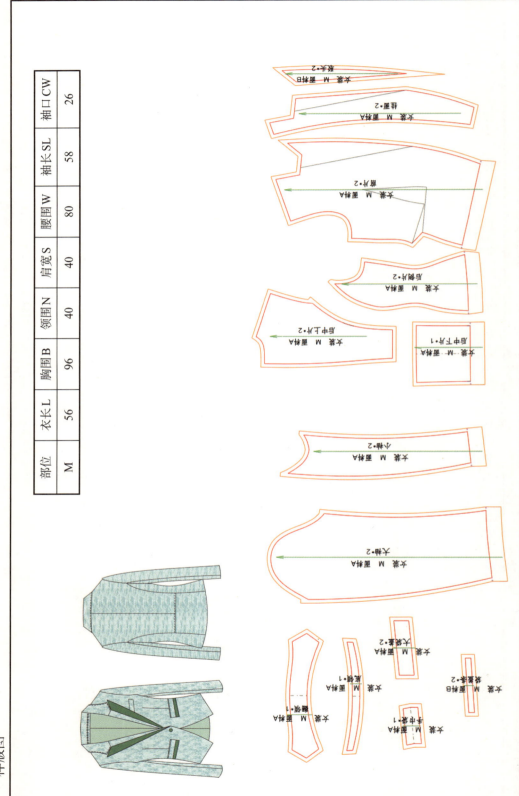

样版图

247

附录2 生产工艺单格式

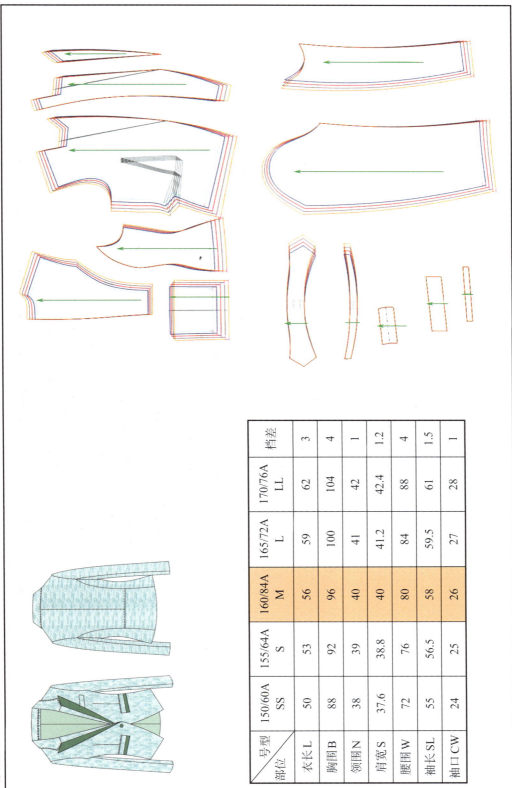

推版图

号型 部位	150/60A SS	155/64A S	160/84A M	165/72A L	170/76A LL	档差
衣长 L	50	53	56	59	62	3
胸围 B	88	92	96	100	104	4
领围 N	38	39	40	41	42	1
肩宽 S	37.6	38.8	40	41.2	42.4	1.2
腰围 W	72	76	80	84	88	4
袖长 SL	55	56.5	58	59.5	61	1.5
袖口 CW	24	25	26	27	28	1

附录2 生产工艺单格式

排料图

1. 排料方案表

床号	面料层数	号型规格及套排件数			
		SS	S	M	L	LL
1	100	1	1	1	1	
2	100		1	3		1

2. 排料图的制定

第一床排料图

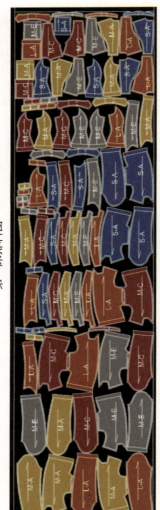

第二床排料图

参 考 文 献

[1] 闵悦，李淑敏. 服装工业制版与推板技术[M]. 北京：北京理工大学出版社，2015.

[2] 张福良. 成衣样板设计与制作（第二版）[M]. 北京：中国纺织出版社，2017.

[3] 曲长荣，宋勇. 服装结构设计[M]. 北京：化学工业出版社，2020.

[4] 石吉勇，李先国. 服装生产管理[M]. 北京：化学工业出版社，2009.

[5] 戴孝林，许继红. 服装工业制板[M]. 北京：化学工业出版社，2009.

[6] 汪薇. 服装结构设计与制作工艺[M]. 北京：中国纺织出版社，2015.

[7] 张宏仁. 服装企业板房实务[M]. 北京：中国纺织出版社，2010.